Au fond du labo
à gauche

Du même auteur

Au fond du labo à gauche
De la vraie science pour rire
Seuil, « Science ouverte », 2004

Viande froide cornichons
Dans les Annales des sciences médico-légales...
Seuil, « Science ouverte », 2006
et « Points sciences », n° 178, 2007

Sexe machin
Quand la science explore la sexualité
Seuil, « Science ouverte », 2007
et « Points sciences », n° 189, 2009

Au fond du zoo à droite
Seuil, « Science ouverte », 2009
et « Points sciences », n° 207, 2012

De la jouissance en littérature : 50 leçons
Philippe Rey, 2011

Le Petit Livre des gros égos
PUF, 2013

Écrivains, éditeurs et autres animaux
Flammarion, « Café Voltaire », 2013

Le Seigneur des îles
récit
Stock, 2014

Édouard Launet

Au fond du labo à gauche

De la vraie science pour rire

Éditions du Seuil

Plusieurs de ces chroniques ont été publiées en 2003 et 2004
dans le quotidien *Libération* sous les rubriques
« Au fond du labo à gauche » et « Trouvaille qui vaille »

ISBN 978-2-7578-4417-5
(ISBN 978-2-02-086113-7, 1re publication poche
ISBN 2-02-065831-3, 1re publication)

Avant-propos

LE 5 JANVIER 1665 naît à Paris la première revue scientifique hebdomadaire, *Le Journal des Sçavants*. On peut bientôt y lire des choses passionnantes, comme cette « Relation curieuse et singulière d'un voyage vers la partie la plus haute de la terre » (1687). Il s'agit du pic de Tenerife, sur les îles Canaries, que l'on prend à l'époque pour le point culminant du globe. Depuis, on a largement changé d'avis là-dessus. Mais peu importe : la presse savante n'a cessé de croître et d'embellir au fil des siècles, au point que l'on recense aujourd'hui plus de 200 000 revues scientifiques et techniques à travers le monde. Chaque année, des chercheurs de toutes disciplines y publient quelque 25 millions d'articles. Soit environ 100 000 communications par jour ouvrable. Preuve, s'il en fallait, que les scientifiques ne chôment pas.

Le roman de la science s'écrit ainsi à la manière d'un immense feuilleton, et cela dure depuis près de 340 ans. Ce n'est pas près de s'arrêter, sauf à imaginer que l'humanité perde soudain tout intérêt pour le monde qui l'entoure. Toutefois, ce fleuve de littérature scientifique n'est pas uniformément passionnant, il faut bien le dire. On peut même affirmer qu'il est, pour l'essentiel, absolument rébarbatif. Ouvrons au hasard la revue *Brain Research*, édition du 21 novembre 2003, et nous tombons à la page 187 sur ce titre : « Arachidonic acid peroxides induce apoptotic Neuro-2A cell death in association with intracellular Ca^{2+} rise and mitochondrial damage independently of caspase-3 activation ». La seule traduction du titre serait une tâche éprouvante, sans parler de celle des 8 pages de texte qui suivent (une histoire compliquée de dégénérescence des cellules neuronales). Que les auteurs de cette communication sans doute importante veuillent bien nous pardonner : nous n'avions que l'embarras du choix et c'est tombé sur eux.

Cependant, l'œil avisé saura identifier dans ce flot annuel de millions d'articles les quelques centaines de communications qui, bon an mal an, méritent vraiment l'attention. Celles-ci relèvent de deux catégories bien distinctes. Premier cas : les communications qui relatent une découverte cruciale, de nature à modifier notre compréhension du monde. Exemple parmi les plus fameux : l'article « A structure for deoxyribose nucleic acid » signé par James Watson et Francis Crick dans la revue *Nature* du 25 avril 1953. Cette simple lettre de deux pages décrivait pour la première fois la structure de la molécule d'ADN (acide désoxyribonucléique), support du patrimoine génétique.

Deuxième catégorie : les articles empreints d'un humour involontaire, propre à en rendre la lecture infiniment plaisante, surtout si l'on n'est pas spécialiste du domaine concerné. Ainsi ce magnifique « Pigeon's discrimination of paintings by Monet and Picasso », cosigné en 1995 par les chercheurs japonais Watanabe, Sakamoto et Wakita dans le *Journal of the Experimental Analysis of Behavior* (vol. 63, p. 165-74). Où l'on apprend qu'un pigeon peut être dressé à faire la différence entre un Monet et un Picasso. Cette expérience a été tentée — et donc réussie — par une équipe spécialiste de la psychologie comportementale à l'université de Keio.

C'est à ce second type de communications scientifiques qu'est consacré cet ouvrage. Ce choix a été dicté par la prudence et la facilité. Il est en effet beaucoup plus aisé de repérer un article pétillant qu'une communication fondamentale, laquelle peut demander des années avant de révéler toute son importance. On se trompe moins souvent sur les champagnes que sur les bordeaux, le séjour à la cave est plus court et l'ivresse plus immédiate. Par ailleurs, la matière est vraiment plus abondante. La science champagne se déverse à raison d'une bonne vingtaine d'articles par semaine, selon notre propre comptage, et encore ne surveillons-nous qu'une fraction des 200 000 revues scientifiques de la planète — faute de temps autant que de moyens.

Cette recherche pétillante surgit des horizons les plus divers. Ainsi, à un récent congrès de l'Association américaine de cardiologie, on apprenait qu'une équipe de l'université de Stanford avait provoqué des arrêts cardiaques chez 32 cochons afin d'évaluer une nouvelle technique de réanimation. Les cochons ont été laissés pendant 8 minutes avec le palpitant en rideau, puis les chercheurs ont tenté d'en ressusciter la moitié avec des techniques classiques de massage cardiaque et de bouche-à-bouche (voyez la scène). Échec complet, départ des intéressés pour la charcuterie. L'autre moitié des animaux a été confiée aux bons soins d'un nouveau système automatique de réanimation. Ces cochons-là ont presque tous survécu. C'est à la fois une bonne nouvelle, une singulière expérience et une image frappante : le massage cardiaque d'un troupeau de cochons qui ne demandaient rien à personne.

Évidemment, cette recension un peu latérale du progrès scientifique et technique encourt le double reproche du cynisme et de la légèreté. À cela, répondons d'abord que la science est une chose beaucoup trop sérieuse pour que l'on ne soit pas tenté de s'en moquer. Avec sympathie. Car si la démarche est légère (bien que rigoureuse dans l'énonciation des faits), elle n'est en rien cynique. Regarder la science par le petit bout de la lorgnette, c'est toujours regarder la science. Cela vaut mieux que de l'ignorer complètement. Par ailleurs, ce point de vue anecdotique sur la recherche présente un double avantage. Il permet d'évoquer des aspects peu connus du travail scientifique, lequel ne se limite pas à traquer de nouvelles particules subatomiques ou des théories improbables. Ensuite, cette vision de biais est susceptible d'attirer vers la matière scientifique les gens qui lui vouent la plus grande hostilité. Précisons toutefois que l'auteur ne se sent aucune vocation de prosélyte, même s'il a naguère entrepris quelques travaux de recherche (raisonnablement fructueux) dans une vie antérieure d'ingénieur. Il est juste animé par l'envie de partager son amusement.

Le seul chef d'accusation sur lequel il faut plaider coupable, c'est la mauvaise foi. On s'amuse de ce que des chercheurs en viennent à faire du bouche-à-bouche à des cochons. Mais on omet de préciser (car c'est moins drôle) que ces travaux peuvent avoir des applications intéressantes en médecine d'urgence. On se moque de ces chercheurs japonais qui dressent des pigeons à distinguer cubisme et impressionnisme. Mais on ne prend pas la peine de souligner que ces recherches peuvent aider à comprendre notre propre système de vision. On présente le Lep, grosse machine utilisée naguère par le Cern de Genève pour étudier la matière, comme le plus coûteux instrument jamais conçu pour donner l'horaire des marées (ce qu'il faisait avec une précision inégalée). Mais on n'a pas jugé nécessaire de rappeler que ce collisionneur a aussi permis à la physique des particules de faire des pas de géant. De fait, la quasi-totalité des travaux présentés dans cet ouvrage présentent une vraie utilité.

Confiance est donc faite au lecteur pour approfondir le sujet et pour dénicher l'utile derrière le futile. Aux États-Unis, où sont décernés chaque année des prix « Ig-Nobel », sortes d'anti-prix Nobel récompensant des travaux scientifiques « qui ne peuvent ni ne doivent être reproduits », les organisateurs disent vouloir « faire rire d'abord, et faire réfléchir ensuite » (une demi-douzaine des recherches présentées dans cet ouvrage ont été « Ignobélisées »).

Rien en tout cas dans ces pages ne doit inciter le lecteur à aller poser des bombes dans les laboratoires, ni à réclamer aux élus une réduction drastique du budget de la recherche, ou du moins de ce qu'il en reste. Nous ne dénonçons pas un gâchis, nous rendons hommage à l'imagination des chercheurs. On découvrira ici qu'elle est sans bornes.

E. L.

Vifs remerciements à Gérard Rabinovitch, Mathieu Lindon et Nicole Pénicaut pour leurs encouragements.

Petits suicides entre amis

Nous sommes tentés de voir dans l'article « Suicides au moyen de feux d'artifice », publié par le *Journal of Forensic Sciences* (vol. 46, n° 2, p. 402-05), le sommet de l'œuvre de José Blanco-Pampin. Cet expert espagnol de la médecine légale s'est fait une spécialité de documenter les techniques de suicide les plus inattendues, ainsi qu'en témoigne la majeure partie de ses communications dans la presse savante.

Comment se suicide-t-on au feu d'artifice ? Blanco-Pampin analyse deux cas : l'un (problèmes financiers) a posé les pétards sur sa tête, l'autre (maladie mentale) les a placés dans sa bouche. Le résultat fut le même : « décès dû à la destruction du système nerveux central ». Beaucoup plus difficile est de se trucider au paracétamol. Pourtant, l'expert espagnol a réussi à dénicher un tel cas — une jeune femme ayant des antécédents psychiatriques — détaillé dans les *Cuadernos de medicina forense* (n° 29, juillet 2002). Dans un registre similaire, Blanco-Pampin a examiné dans l'*International Journal of Legal Medicine* (vol. 111, n° 3, p. 151-53) le premier suicide à la pentoxifylline, un vasodilatateur *a priori* peu dangereux. Un homme de 54 ans a eu la main lourde en s'administrant 30 fois la dose thérapeutique, ce qui a eu pour effet de dilater son système vasculaire périphérique dans des proportions incroyables.

On imagine mal la férocité de la concurrence dans la médecine légale de haut niveau. À peine une équipe italienne s'était-elle enorgueillie d'avoir identifié le « premier "vrai" cas de suicide par pendaison dans une automobile » (dans l'*American Journal of Forensic Medicine and Pathology*, vol. 16, n° 4, p. 352-54) que José Blanco-Pampin répliquait dans le même journal (vol. 22, n° 4, p. 367-69) avec un article détaillant DEUX cas. Dans son magistral « Suicidal hanging within an automobile », l'Espagnol rapporte la pendaison d'un conducteur au moyen de sa ceinture de pantalon et celle d'une personne ayant directement utilisé la ceinture de sécurité. Chaque fois, précise Blanco-Pampin, le moteur était arrêté, les vitres relevées et les portes verrouillées. Ainsi semble s'ébaucher une sorte de cadre général pour le suicide routier par strangulation.

Il n'y a guère que dans le domaine du « suicide complexe planifié », comme disent les experts, que Blanco-Pampin a l'air dépassé par la concurrence. Si l'Espagnol a pu présenter dans l'*American Journal of Forensic Medicine and Pathology* (vol. 18, n° 1, p. 104-06) le cas d'un jeune homme qu'on a retrouvé pendu avec une balle dans la tête — la thèse de l'homicide a dû être écartée —, il a hélas raté celui de cette femme de 90 ans qui s'est tiré simultanément deux balles dans la tête au moyen de deux revolvers de calibre 6. 35 (un sur chaque tempe). Ce dernier exemple fut rapporté dans le même journal (vol. 23, n° 4, p. 329-33) par l'équipe italienne qui avait identifié la première « vraie » pendaison dans une auto. Un prêté pour un rendu ?

Mais le pompon revient à un certain L. M. al-Alousi, de l'Institut médico-légal de Bagdad, pour son article « Blessures au pistolet automatique : un suicide par huit balles », paru en 1990 dans l'*American Journal of Forensic Medicine and Pathology* (vol. 11, n° 4, p. 275-81). C'était du temps de la splendeur de Saddam Hussein. On trouvait dans les morgues des « suicidés » avec huit balles dans le corps. On en faisait des articles pour les revues scientifiques américaines.

Mouton sur mesure

LE MOUTON est un animal plein de défauts. Il est difficile à tondre. Sa laine rétrécit au lavage. Il ne produit jamais assez de viande. Celle-ci a un goût trop prononcé, etc. La bonne nouvelle est que la science a trouvé un remède à chacune de ces imperfections. La mauvaise est qu'on ne peut pas tout résoudre en même temps : entre le mouton à gigots et le mouton à pull, il faut choisir.

Le mouton à pull n'est jamais emballé par la perspective de se faire tondre la laine sur le dos. Il faut le traîner de la bergerie jusqu'au poste de tonte. Cela crée des problèmes. Le tondeur de mouton australien a 6 fois plus d'accidents du travail que la moyenne nationale, toutes professions confondues. C'est donc assez naturellement que John Culvenor, de l'université australienne de Ballarat, a testé différents types de sol (en bois, plastique et métal), avec différentes inclinaisons, afin de trouver le support le mieux adapté au halage du mouton à pull. Il a conclu, dans la revue *Applied Ergonomics* (vol. 33, p. 523-31), que les sols en parquet inclinés à 10 % étaient ce qui se faisait de mieux.

Le mouton à gigots aimerait ne pas poser ce genre

de problème au genre humain. Sans laine, il se porterait mieux, et les éleveurs aussi. Eh bien, c'est fait : une équipe de généticiens américains a mis au point le mouton à poil, facile d'entretien. Issu du croisement de plusieurs races, au Clay Center (Nebraska), le mouton à poil et à gigots donne en outre une viande au goût plus doux que le mouton à laine, nous apprend la revue *Nature* (avril 2003). Évidemment, il est superflu de le tondre.

Il y a mieux : le mouton à gros cul. Celui-là nous vient de Caroline du Nord, où d'autres généticiens se sont aperçus que la mutation d'un gène du mouton avait pour effet de muscler l'arrière-train de la bête dans des proportions incroyables. Repéré à la Duke University à Durham (qui l'appelle « mouton callipyge »), et détaillé dans la revue *Genome Research*, le mouton à gros cul fait de beaux gigots, mais il a le dos encombré de laine. L'idéal serait de concevoir un mouton à poil et à gros cul, mais rien dans la littérature scientifique n'indique qu'on en soit déjà arrivé là.

Il y avait plus urgent : concevoir le mouton à pull qui ne rétrécit pas au lavage. C'est en bonne voie. Une équipe du Csiro (l'équivalent australien du CNRS) a découvert que « le rétrécissement de la laine est une caractéristique que les moutons se transmettent *via* leur patrimoine génétique ». Par la suite, elle a identifié le gène en cause. Il n'y a donc plus qu'à sélectionner les animaux de manière adéquate lors de la reproduction. Les pulls amples resteront amples, et votre petit frère pourra s'acheter directement un pull à sa taille, plutôt que d'attendre le troisième lavage du vôtre. Il n'y verra pas que des avantages, mais avec la génétique, c'est chacun pour soi.

La prochaine étape pourrait être de se passer carrément du mouton. Ceci permettrait à ce doux animal de retourner à l'état sauvage. Par les temps qui courent, il doit en rêver.

Œil de pigeon

UN PIGEON est capable de distinguer un Monet d'un Picasso. Un vrai pigeon, s'entend, avec des plumes et un bec. On le sait depuis qu'un chercheur japonais, Shigeru Watanabe, s'est donné la peine de mener l'expérience à l'université de Keio. Il a publié cette intéressante découverte dans le *Journal of the Experimental Analysis of Behavior* (vol. 63, p. 165-74) sous le titre non équivoque de « Pigeons discrimination of paintings by Monet and Picasso ».

Ce n'est pas que le pigeon ait un œil sûr et avisé (même s'il a une vision des couleurs bien plus développée que la nôtre). C'est surtout qu'il ne tient pas à crever de faim. Shigeru Watanabe et son équipe ont projeté à l'oiseau des diapos couleurs de quelques œuvres des deux peintres. En tapant du bec sur une touche, le pigeon avait à manger, mais uniquement s'il y avait un Monet à l'écran. Avec Picasso, c'était ceinture. Le pigeon, guère suicidaire, a vite appris à ne pas se tromper. Puis le chercheur en sciences cognitives lui présenta de nouvelles toiles, inédites pour l'emplumé. Et là, du premier coup, notre oiseau sut quand piquer du bec, presque à chaque fois. Il avait appris à faire la différence entre impressionnisme et cubisme. Monet miam, Picasso beurk. D'autres pigeons subirent les mêmes épreuves, avec le même succès. Pour certains, on inversa les rôles : Picasso miam, Monet beurk. Ça marchait encore, preuve que les pigeons n'ont aucun biais en matière picturale.

Et si on retournait les toiles tête en bas ? Pour les oiseaux, Picasso à l'endroit ou à l'envers, c'était kif-kif. Par contre, ils ne reconnaissaient plus du tout les Monet. Watanabe observa : « Le comportement du pigeon peut être contraint par les objets représentés dans les toiles impressionnistes, mais pas par ceux des œuvres cubistes. » L'éminent scientifique aurait pu s'en tenir là. Peut-être même aurait-il dû.

Il a pourtant continué en dressant ses bêtes à ne pas confondre Van Gogh et Chagall. Une autre paire de manches. Car si même une amibe sent bien qu'il y a un monde entre un bord de Seine vu par Claude et une guitare révisée par Pablo période cube, un hominidé très distrait peut prendre Vincent pour Marc, à l'occasion. Et un pigeon donc ! Or non : près de 9 fois sur 10, les oiseaux surent picorer devant Van Gogh plutôt que devant Chagall. Et becqueter enfin.

On en conclura que la matière grise d'un pigeon, laquelle tiendrait dans une noisette, est tout ce qu'il faut pour se guider dans un musée. On aura tort. La bonne réponse est : « Les pigeons peuvent être contrôlés par des stimuli visuels complexes, d'une manière qui suggère une capacité de catégorisation. »

Par la suite, une équipe d'universitaires hollandais

contesta cette conclusion dans un article tout aussi sérieux, titré « What does a pigeon see in a Picasso ? », toujours dans le *Journal of the Experimental Analysis of Behavior* (vol. 69, p. 223-26). Ils notèrent qu'un pigeon exposé à du Delacroix hésitait entre impressionnisme et cubisme. Ça prouve bien qu'il n'y connaît rien du tout.

Vendredi 13

AU TEMPS des Lumières, la science rêvait d'éradiquer les superstitions. Aujourd'hui, elle en est réduite à mesurer l'ampleur de son échec. Dans une enquête Gallup de 1996, 88 % des Américains avouaient être un peu, moyennement ou très superstitieux. Une autre étude révélait que 72 % d'entre eux possédaient un ou plusieurs porte-bonheur. En 2003, la British Association for the Advancement of Science nous apprenait que les jeunes sont plus superstitieux que les vieux, et les femmes plus que les hommes.

Si bien que la superstition est devenue un secteur d'études assez actif. D'abord, on cherche à savoir si les gens sont vraiment francs quand ils répondent aux enquêtes. Par exemple, seuls 12 % déclarent éviter de passer sous une échelle. On sent bien qu'il y a un paquet de menteurs. Un chercheur anglais a donc posé une échelle au milieu d'un trottoir et compté le nombre de gens qui préféraient la contourner. Résultat : 70 sur 100.

Mais peut-être a-t-on raison d'être superstitieux. Pour le vérifier, un étudiant américain s'est équipé d'un chat noir de modèle standard, d'une pièce de monnaie et de quelques cobayes humains. Ces derniers devaient jouer à pile ou face, puis on leur balançait le chat dans les pattes, et à nouveau un coup de pile ou face pour voir si la chance avait tourné. Pour être tout à fait rigoureux, l'étudiant avait constitué un « groupe témoin » de cobayes soumis à une expérience identique, mais avec un chat blanc. Résultat : pas de différence significative entre les deux groupes. À ce stade du travail expérimental, il est donc établi qu'on ne doit pas s'abstenir de casser des miroirs et de se rendre à des entretiens d'embauche un vendredi 13. Il est également démontré qu'on s'abstiendra quand même et qu'on ne l'avouera pas.

Ensuite, on peut s'amuser à recenser toutes les manies idiotes auxquelles les gens se soumettent pour mettre toutes les chances de leur côté, puisqu'en ce domaine il apparaît que l'imagination et la tyrannie sont sans bornes. Une enquête menée par le psychologue britannique Richard Wiseman a recueilli les confessions suivantes. J'évite de rester dans les WC après avoir tiré la chasse. Quand je vois un corbillard, je touche mon col de chemise jusqu'à ce que j'aperçoive un oiseau. Quand ma montre indique 12 h 12 (ou 13 h 13), je m'oblige à dire 1212 (ou 1313) à voix haute.

Cette liste de rites conjuratoires peut évidemment être allongée à l'infini, comme chacun de nous le sait. Cela ouvre à la recherche un champ d'expériences vraiment considérable. Il faudrait tester tout ça, voir ce qui marche (sait-on jamais ?), ce qui ne sert à rien, et pourquoi. Les chercheurs s'attelleraient à la tâche avec enthousiasme et moult grigris dans les poches, puisqu'il est établi que posséder une formation scientifique n'empêche en rien d'être superstitieux. Les labos grouilleraient de chats noirs qu'on ferait passer sous des échelles, sous le regard de scientifiques caressant leurs coin-coin porte-bonheur. La presse scientifique retrouverait des lecteurs.

Rock around the phoque

SANS DOUTE retiendra-t-on de la recherche scientifique du siècle dernier qu'elle étudia obstinément les effets de la musique sur le comportement des animaux d'élevage. On découvrit en 1996 que les poules pondaient plus lorsqu'on leur passait du Pink Floyd et que, de manière générale, elles aimaient bien écouter la radio. Un peu plus tard, il fut établi qu'une vache branchée sur la *Symphonie pastorale* de Beethoven produisait chaque jour 0,73 litre de lait de plus qu'une congénère soumise au *Back in the USSR* des Beatles (travaux du Music Research Group à l'université de Leicester).

Étant donné la richesse du règne animal et la diversité de la création musicale, il reste des boisseaux de grain à moudre : c'est une combinatoire infinie. Pourquoi ne pas analyser, sur le chien, les effets respectifs des vocalises de Britney Spears et des sonates de Bach ? Eh bien justement, cela vient d'être fait — comme le rapporte la revue *Animal Welfare* (vol. 11, p. 385-93) —, preuve que le chercheur du XXIe siècle a repris le flambeau d'une main ferme, et que vraiment toutes les pistes seront explorées.

Le chien est un animal souvent amical. On aime voir

ses oreilles se dresser à l'appel de son nom. Mais on ne l'emmènerait pas à un concert du groupe Metallica. Deborah Wells, chercheuse à la Queen's University de Belfast (Irlande), nous confirme que ce serait là une bien mauvaise idée : les 50 chiens qu'elle a exposés à la production bruyante de ce groupe de *heavy metal* se sont mis à aboyer comme des bêtes. Par contre, la musique classique a eu sur eux un effet apaisant. On l'aurait parié. Mais, pour Deborah Wells, ce n'était pas joué : « Nous n'avions *a priori* aucune raison de penser que les chiens trouveraient le classique plus relaxant. » Il est vrai qu'on ne le leur avait jamais demandé.

Le chien supporte bien l'*Ode à la joie* de Beethoven, et même *Les Quatre Saisons* de Vivaldi. Avec Bach, plus un seul aboiement. Le chien apprécie par ailleurs le silence et la musique pop, qui ont sur lui à peu près le même effet. Rien ou Britney Spears, pour notre ami, c'est pareil. Ce qui tend à prouver que le chien n'est pas totalement idiot, à moins qu'il ne soit devenu sourd après sa cure de Metallica.

Pondre des œufs et produire du lait n'étant pas des spécialités canines, on a du mal à mesurer l'intérêt des expériences de Deborah Wells. Sauf à imaginer que l'Irlande se prépare à bouffer du chien, une démarche productiviste semble à exclure. Peu probable également qu'il se soit agi de tester le marché de la musique pour chien, marché de niche s'il en est, de toute façon peu solvable. Reste cette hypothèse : l'étude visait à fournir aux gardiens de chenils une discothèque idéale.

À notre connaissance, rien n'a encore été fait pour

les gardiens de zoo et leurs pensionnaires. La *bossa nova* aiguise-t-elle l'appétit du kangourou ? Le phoque peut-il être exposé à plus de 24 heures de *drum'n'bass* sans séquelle majeure ?

Le Van Gogh de 21 h 08

QUAND les astronomes n'ont rien d'autre à faire, ils se posent des questions comme : quel jour et à quelle heure Van Gogh a-t-il peint son *Paysage nocturne au lever de la lune* ? Puis ils essaient naturellement d'y répondre. C'est ainsi qu'en juin 2002 une équipe de chercheurs de la Southwest Texas State University a débarqué à Saint-Rémy-de-Provence.

La docte expédition a sillonné la région pour retrouver le lieu représenté par la toile. Puis elle a situé l'endroit précis où Vincent avait posé son chevalet. On mesura la hauteur des collines alentour, on prit des relevés au compas. Et puis on s'en alla sans doute boire quelques pastis, car tout cela donne chaud.

Leur travail accompli et les bouteilles vidées, les membres de cette expédition scientifique en terre étrangère reprirent l'avion pour le Texas. Ils entrèrent dans un ordinateur les données recueillies au péril de leur foie. Enfin, en juin dernier, ils purent révéler au monde des arts et des sciences que Van Gogh avait peint son paysage nocturne le 13 juillet 1889 à 21 h 08. Il était évidemment superflu de donner les secondes, car, bien qu'extrêmement productif durant sa période

Saint-Rémy, Vincent devait prendre au moins une bonne minute pour fixer les contours de ses paysages.

Sur le tableau, la lune est pleine, d'un bel orange (c'est du Van Gogh), et l'astre n'est encore qu'à quelques degrés au-dessus de l'horizon. Cela pouvait être le 16 mai ou le 13 juillet, mais les champs moissonnés au premier plan ont fait pencher pour la seconde date. Ne restait plus aux logiciels et tables astronomiques qu'à cracher l'heure exacte, pendant que l'être humain finissait d'engloutir le rosé de Bandol ramené en excédent de bagages.

Parvenir à une telle précision est admirable. « Nous sommes les premiers à apporter une preuve astronomique » des date et heure du tableau, s'est félicité le responsable de l'étude Donald Olson dans la revue *Nature* du 13 juin 2003. Mais on est tenté de penser que le véritable exploit est ailleurs : il fut de réussir à faire financer cette équipée provençale sous un prétexte aussi anecdotique, bien que légitime. Peut-être l'université en question dispose-t-elle de fonds colossaux ? Peut-être le Texas porte-t-il une attention surnaturelle à Van Gogh ?

Quoi qu'il en soit, ces travaux ouvrent une voie bien intéressante à la recherche. Car beaucoup de questions restent sans réponse. Combien de fois Marcel Proust a-t-il pris le vaporetto lors de ses séjours à Venise et à quelle heure ? Quel fut l'essor du tourisme balnéaire à Guernesey du temps de Victor Hugo, et quelle était la température de l'eau ? Et puis il faudrait aller pister Paul Gauguin aux îles Marquises et Robert Louis Stevenson dans tous les autres archipels du Pacifique.

L'Ifremer a plein de bateaux, et le CNRS regorge de mathématiciens qui en ont marre d'étudier les facteurs de type III dans la théorie des algèbres de von Neumann. La France semble suffisamment armée pour disputer au Texas la conquête de ces nouvelles frontières.

Manchots à bascule

C'EST EN novembre 2000 que le Dr Richard Stone a rencontré l'Histoire. À cette date, en effet, le chercheur britannique commença une série d'expériences en Antarctique, d'une durée de cinq semaines, pour tenter de répondre à cette simple question : est il vrai que les manchots tombent sur le dos lorsqu'ils regardent passer des avions au-dessus de leur tête ?

Car la question se posait bel et bien. En 1982, durant la guerre des Malouines, des pilotes anglais avaient observé — ou cru observer — que des manchots tombaient à la renverse lorsque leurs avions les survolaient. Ces témoignages suscitèrent un vif intérêt. D'une part parce que l'on n'avait aucune difficulté à imaginer la scène : les becs dressés vers le ciel, les moignons d'aile s'agitant en moulinets désespérés au moment de la bascule. D'autre part parce que la chute du manchot, moment admirable, fait partie de ces choses qui rendent le monde plus supportable. C'est étrange, d'ailleurs. Pourquoi trouvons-nous cela si comique ? Le manchot n'est-il pas notre ami, au même titre que le dauphin et le cochon d'Inde ?

Le manchot royal, être curieux de tout (et pas frileux

pour un sou), toise la banquise antarctique du haut de ses 95 centimètres. Il faut l'imaginer comme un homme-tronc monté sur de courtes pattes. Dès lors, on comprend bien que l'instabilité est l'un des vrais inconvénients de la condition manchote. Entre potes manchots, on ne se balance pas des grandes claques dans le dos. D'abord parce qu'on n'a pas de bras ni de mains, et quand bien même : la moindre bourrade enverrait le copain à l'horizontale, bec planté dans la glace.

Tout cela fait que le récit des aviateurs était plausible, quelque part. Il fallait donc que la science le constate, ou l'infirme. Le Dr Stone s'installa à Antarctic Bay, sur l'île de Géorgie-du-Sud, en compagnie de 700 couples de manchots royaux et d'un assistant. Il installa un système de quatre caméras vidéo. Il convoqua un patrouilleur brise-glace de Sa Majesté, le *HMS Endurance*, avec, à son bord, deux hélicoptères de type Lynx. Il fit survoler la colonie 17 fois, à des altitudes variant de 750 à 5 800 pieds. Résultat : aucune chute de manchot ne fut enregistrée.

Par contre, Stone et son assistant notèrent que les manchots devenaient silencieux à l'approche de l'hélicoptère. Ils s'intéressaient à cette chose bruyante. Certains d'entre eux se carapataient, car on ne sait jamais. Les autres regardaient puis reprenaient leurs occupations polaires comme si de rien n'était. Stone en conclut que, pour le bien-être de tous, mieux valait que les hélicoptères Lynx ne descendent pas en dessous de 1 000 pieds.

On ne sait ce qu'est devenu le chercheur britannique. Peut-être professe-t-il aujourd'hui à Oxford, heureux titulaire d'une chaire de manchotologie. Ou peut-être est-il en train d'expliquer à des infirmiers peu commodes que la camisole, d'accord, mais que ça serait tout de même plus ressemblant si on lui collait aussi un grand bec orange sur le nez.

Une cuiller pour Darwin

L'ENFANT « difficile » devant son assiette (j'aime pas ci, j'aime pas ça) est un enfant prudent — et non un sale gosse auquel il faut coller des beignes, comme nous étions enclins à le penser. C'est un enfant prudent car, estiment des scientifiques de l'organisme britannique Cancer Research UK, il a hérité d'un trait évolutif qui lui fait considérer tout nouvel aliment avec suspicion. Hier — il y a un bon paquet de milliers d'années —, les restaurants étaient rares, le soufflé au fromage n'avait pas été inventé et les plantes étaient (déjà) pleines de toxines. C'est vers cette époque que les enfants auraient appris à se méfier des légumes verts, des fruits bizarres et de la viande (pas toujours très fraîche). Question de survie.

Aujourd'hui, on a fait le tri dans tout ça et les gamins pourraient manger les yeux fermés, sauf à vivre sous le toit de dangereux empoisonneurs ou de cuisiniers désastreux. Or non, ils chipotent presque tous, à des degrés divers. Les chercheurs britanniques ont débriefé 564 mères de gosses âgés de 2 à 6 ans. Ils ont ainsi constaté (après des générations de parents) que les enfants difficiles boudaient légumes, fruits et viandes, mais n'avaient en général pas de problèmes avec gâteaux, céréales ou pommes de terre. Ils en ont conclu que cette bouderie relevait d'une stratégie élaborée pour éviter les toxines. Merci Darwin, et encore bravo !

Hélas, cette prudence est devenue contre-productive. « Près d'un tiers des cancers pourraient être évités par une meilleure alimentation, avec en priorité une consommation accrue de fruits et de légumes », estiment les chercheurs. Alors, on fait comment ? Leurs réponses, publiées dans la revue *Appetite* (vol. 41, p. 205-06), n'ont rien de très révolutionnaire : accoutumer l'enfant très jeune à manger de tout, lui montrer au préalable que tel nouvel aliment est bouffable en le goûtant soi-même devant lui (réprimer tout rictus de dégoût les jours de foie de veau-épinards), méditer sur le sens de la vie et de l'évolution.

L'évolution est décidément une théorie bien pratique puisqu'elle permet aussi d'expliquer nos réactions de dégoût, à table ou ailleurs. 40 000 personnes ont accepté de remplir un questionnaire proposé sur le Web, dans lequel il fallait noter le degré de dégoût qu'inspiraient des photos affichées sur le site. Résultat : les clichés liés à la maladie (plaies, fluides corporels, etc.) ont été jugés comme les plus « dégoûtants ». Les responsables de l'expérience, des chercheurs de l'École d'hygiène et de médecine tropicale de Londres, en ont tiré cette conclusion : la « fonction » du dégoût au regard de l'évolution serait de nous protéger de la maladie. D'ailleurs, avancent-ils dans les *Proceedings of the Royal Society London B* (*Biology Letters*, 16 janvier 2004), les femmes éprouvent plus souvent du dégoût car, prenant soin des enfants, elles ont besoin d'une plus grande sensibilité aux risques d'infection et à la maladie...

Tout cela explique pourquoi, à table, une omelette aux vieux pansements souillés fera un bide chez les petits comme chez les grands.

Les mystères de la barbe à papa

PEU APRÈS avoir rédigé l'étude « La relation entre paramètres physico-thermiques et volume final du popcorn » (*Lebensmittel-Wissenschaft und -Technologie*, vol. 4, p. 93-98), le chercheur américain Ted P. Labuza a entrepris de passer de la barbe à papa aux rayons X. L'expérience a eu lieu en 2002 à l'université de New Brighton, dans le Minnesota.

La barbe à papa présente deux inconvénients majeurs. D'une part, on ne peut pas en manger sans s'en barbouiller le museau. D'autre part, elle se conserve très mal. C'est sur ce second point que la science et Ted Labuza pensent pouvoir accomplir des progrès significatifs. Plus durable, et avec un conditionnement adéquat, la barbe à papa pourrait être vendue en supermarché. Cela nous enlèverait une raison de fréquenter les fêtes foraines. Mais on pourrait se coller du sucre sur le nez à toute heure, en regardant la télé. D'où les rayons X.

Sucrerie appréciée, la barbe à papa est aussi un grand mystère. Pour sonder cet abîme, il fallait en passer par la diffraction de rayons X. Cette technique d'observation, assez courante en cristallographie — beaucoup moins dans la confiserie —, permet de connaître la géométrie intime de la matière. C'est ainsi que Ted Labuza a pu se faire une idée précise de la structure barbapapesque : beaucoup d'air et un écheveau complexe de filaments en sucre. Le tout constituant un vrai piège à humidité. Or la barbe à papa humide a tendance à s'effondrer comme un coton mouillé.

Conclusion : pour que la barbe à papa puisse arriver au Mammouth du coin dans un état plausible, il faut la confiner dans un emballage cartonné maintenant une atmosphère très sèche. Moyennant quoi elle peut tenir pendant neuf mois, du moins tant que la température reste inférieure à 45 degrés. On imagine que l'industrie sucrière a financé en bonne part ces travaux, pariant sur un succès commercial de la barbe à papa encartonnée — bien que le simple bon sens permette d'en douter : au fond du chariot, le carton de barbe à papa résistera-t-il à la pression du *12-pack* de bières ?

Professeur émérite de sciences et technologies alimentaires, auteur de 215 communications, Ted Labuza laboure opiniâtrement un champ immense. L'*Italian Journal of Food Science* (vol. 14, p. 235-46) a récemment publié son « Étude du rassissement du pain par diffraction de rayons X ». Le *Journal of Food Engineering* (vol. 23, p. 419-36) s'est honoré de recueillir son analyse de la « Cinétique du dégazage de dioxyde de carbone dans le café en grains fraîchement torréfié ».

Ted Labuza a pourtant trouvé le temps, en 1990, d'écrire une chanson à la gloire du scientifique français Louis Camille Maillard (qui expliqua la coloration de la viande à la cuisson). Citons le huitième des dix-neuf couplets :

> *So I went back home*
> *And returned to my lab*
> *And started new experiments*
> *That would make Maillard glad*

Glad veut dire « heureux ». Le reste explique pourquoi Labuza fait de la barbe à papa et du pop-corn dans son laboratoire.

L'Univers est ovale

Tous les quatre ans se déroule une compétition singulière, appelée Coupe du monde de rugby. On y voit des petits gros qui se collent des baffes, et des grands minces qui courent comme des dératés. Dans chaque camp opère un « buteur » (un grand mince en général), joueur dont la tâche consiste à envoyer la balle entre deux poteaux très hauts. Cet exercice est complexe. Il faut d'abord prendre un air pénétré, en regardant alternativement les poteaux et le ballon. Puis faire quelques pas en arrière de la manière la moins naturelle possible. Ensuite vérifier longuement que les poteaux et la balle sont toujours là, en prenant une mine encore plus pénétrée. Enfin, courir vers le ballon et lui foutre un grand coup de pied.

Pour être couronnée de succès, l'opération doit être effectuée de la manière la plus métronomique possible (mêmes gestes, même tempo, mêmes tics idiots), assurent les spécialistes. Eh bien, ils ont tort, répond Robin Jackson, de la Brunel University (Grande-Bretagne). Ce chercheur en « sciences des sports » s'est abîmé les yeux à regarder et re-regarder les 572 tentatives de pénalités et de transformation effectuées lors de la

Coupe du monde 1999. Il a constaté que, sur les tentatives importantes (fin de match, score serré, coup de pied pas évident), même les plus robotiques des buteurs changeaient leurs petites manies. Soudain leur temps de concentration devient plus long, tandis que leur course finale vers le ballon devient plus rapide. Bref, ils prennent plus de temps pour penser, et moins de temps pour agir. Jackson a détaillé cette découverte importante dans le *Journal of Sports Sciences* (vol. 21, p. 803-14), quelques jours à peine avant le début de la Coupe du monde 2003. C'est-à-dire trop tard pour en altérer le cours.

Sous le titre pénible de « Pre-performance routine consistency : temporal analysis of goal kicking in the Rugby Union World Cup », Robin Jackson explore l'espace-temps du rugby jusque dans ses recoins les plus obscurs, chronomètre en main. C'est une plongée mathématique au sein d'un univers dont on ne soupçonnait pas la complexité. Il est vrai que lorsque nous regardons un match de rugby en direct à la télé, peu des conditions nécessaires à une véritable analyse scientifique se trouvent réunies.

Lors des actions de jeu les plus spectaculaires, le téléspectateur un peu concerné est généralement debout sur le canapé, en proie à une vive agitation. Cela lui donne de l'image une vision légèrement saccadée. Puis il y a les amis présents qui hurlent des injures à l'arbitre à jet continu, avec une créativité toujours surprenante. Cela aussi décourage toute approche un peu fine du jeu. Quant aux tentatives de pénalité en fin de match, là où tout peut encore basculer, le téléspectateur concerné les suit habituellement depuis la cuisine en décapsulant fébrilement des bières.

C'est sans doute pourquoi, en 1999, il nous avait totalement échappé que tel buteur s'était concentré 12 secondes au lieu de 10 avant de taper, et que tel autre avait légèrement raccourci sa course d'élan. La science est un vrai métier.

Merci de ne pas être velu

L'HOMME a perdu son pelage au cours des âges parce que la femme en avait marre de s'accoupler avec un sac à puces. C'est la théorie que deux biologistes anglais ont développée en 2003 dans les *Royal Society Biology Letters*. Naguère, l'homme était poilu comme un singe, donc infesté de parasites. Ce n'était pas très sexy ni très sûr, vu les risques d'infection. Par conséquent, la femme des cavernes était attirée par les hommes pas trop velus. D'où sélection génétique. D'où évolution vers un homme et une femme sans fourrure.

La thèse des professeurs Mark Pagel et Walter Bodmer est bien intéressante, et, comme de nombreuses théories liées à l'évolution, elle prête à d'infinies discussions. C'est pour ça que Darwin est irremplaçable. D'abord, pourquoi cette répartition des rôles ? On peut penser plutôt que c'est l'homme qui en avait soupé de sa compagne sac à puces. Chérie, la caverne est mal tenue et tu m'as encore refilé des morpions (on était un peu sexiste en ce temps-là).

Et puis pourquoi les singes, qui ne sont pas plus bêtes que nous, ont-ils gardé leurs poils, eux ? Là-dessus, les chercheurs britanniques ont encore une théorie. Ce serait un cas de coévolution génético-culturelle. L'homme a appris à faire du feu et des vêtements, ça l'a aidé à se débarrasser de son pelage. Le singe est resté tricard. Le chat et le chien aussi.

Autre objection : pourquoi l'être humain a-t-il gardé des poils pubiens ? N'est-ce pas un ultime refuge pour les parasites, comme chacun sait ? Mais Pagel et Bodmer ont encore une réponse : « Tout indique que la toison pubienne exacerbe les signaux phéromonaux impliqués dans le choix d'un partenaire sexuel », écrivent-ils. Comprendre : les hormones du désir valent bien quelques morpions. Et les cheveux, et la barbe ? Ah ça, ce sont des appâts sexuels qui méritent bien quelques poux. On voit que les scientifiques anglais sont prêts à argumenter sur chaque poil. Au grand jeu darwinien, ils auront le dernier mot.

Jusqu'à présent, la théorie la plus largement admise était la suivante : l'homme a dézippé son costume de poils parce que la fourrure n'était pas la tenue la plus seyante pour courir dans la savane africaine. C'est qu'on a chaud là-dessous. Mais ce raisonnement présentait une faille : les nuits africaines peuvent être fraîches. Au coucher du soleil, la fourrure ne devenait-elle pas un sacré avantage évolutif ? Bref, il y avait du pour et du contre. Jusqu'à ce que Pagel et Bodmer viennent parasiter le débat.

Quelle qu'en soit la cause, l'homme est bel et bien devenu un mammifère sans fourrure, c'est-à-dire un animal rare. Il ne partage cette condition qu'avec l'éléphant, la baleine et le cochon (ajoutons le rat taupier, bien qu'on ne se sente guère d'affinités avec cette bête-là). Nous faisons ainsi partie d'un club assez fermé, où l'on ne se refile pas des puces pendant les parties de bridge, et où l'on n'a pas besoin d'épouiller son partenaire pendant une demi-heure avant de passer à l'acte. C'est déjà une bonne raison d'être heureux.

Professer des insultes

L'INSULTE est un art. C'est aussi une science, ou du moins un objet de science. Deux chercheurs canadiens ont porté un « Regard socio-pragmatique sur des actes et des termes potentiellement insultants » — titre de leur communication au colloque international « Les insultes : approches sémantiques et pragmatiques », en mars 2003. Nos amis canadiens préviennent : « Si l'insulte ressortit à la catégorie lexicale des axiologiques négatifs, elle est aussi et certainement avant tout un acte social porteur de conséquences. » Traduisons : traiter son voisin de gros con peut coûter au locuteur une fracture du maxillaire inférieur.

Cependant, poursuivent Marty Laforest et Diane Vincent, « un traitement purement sémantique du phénomène est inadéquat, et la prise en compte de facteurs pragmatiques est essentielle à sa compréhension ». En français courant : si vous entretenez avec votre voisin des relations très amicales, voire complices, le terme de « gros connard » peut être interprété par le locuté comme une interpellation joyeuse. Auquel cas celui-ci est susceptible de répondre : « Pas mal, et toi ? »

Les auteurs en concluent que « la caractérisation des

axiologiques péjoratifs (insultes, donc) n'est pas simple, principalement parce qu'ils ne s'inscrivent pas dans la structure séquentielle attendue des paires appellatifs péjoratifs-réponses, observée par ailleurs (voir notamment Labov, 1972 ; Kochman, 1983 ; Lagorgette, à paraître) ».

Existe-t-il un moyen infaillible de reconnaître une fausse insulte ? Oui, et c'est simple : « Non seulement le contexte d'énonciation ne laisse percevoir aucune tension entre les interlocuteurs, mais le récepteur de l'appellatif péjoratif ne réagit ni par une dénégation ni par une remise en cause implicite du droit d'insulter (réaction décrite par Sacks, 1995). »

Cette analyse — que l'on soit insulté ou insulteur potentiel — devra être effectuée assez rapidement. En outre, il faudra être capable de la réviser tout aussi rapidement dans le cas d'une réaction tardive du partenaire, dans le cas où ce dernier est un peu long à la détente ou simplement très con, ainsi que vous venez de le lui signifier.

Les deux chercheurs ne s'en sont pas tenus à ce diagnostic, déjà bien pratique. Ils ont aussi formulé cette théorie : « Nous faisons l'hypothèse qu'il serait théoriquement plus rentable de penser l'insulte comme une zone d'un continuum moquerie-reproche-accusation (Laforest, 2002) plutôt que comme une catégorie autonome d'actes de langage menaçants (Brown et Levinson, 1987). » Notez toutefois l'usage du conditionnel, qui doit inciter à la prudence dans le maniement de cet argument : on peut tomber sur des gens obtus.

Cette lecture pourra être utilement complétée par

celle de la communication « L'ontotype : une sous-catégorie pertinente pour classer les insultes ? », de Philippe Ernotte et de Laurence Rosier (Université libre de Bruxelles), bien que ces deux auteurs ne soient pas parvenus à apporter de réponse claire et définitive à la question qu'ils avaient jugé opportun de soulever.

Averse de toasts

ROBERT MATTHEWS a accédé à la célébrité au milieu des années 1990 grâce à son étude « Tumbling toast, Murphy's Law and the fundamental constants », parue dans l'*European Journal of Physics* (vol. 16, p. 172-76). Le chercheur y démontrait les deux choses suivantes.

Un : les toasts ont bel et bien tendance à retomber sur leur côté beurré, contrairement à ce que prétend la science statistique (pour laquelle c'est *fifty-fifty*). La raison en est toute bête : le toast est généralement posé sur sa face non beurrée et, après avoir pris son envol depuis le coin de la table, il tombe animé d'un lent mouvement de rotation. Or le trajet qu'il parcourt ensuite jusqu'au sol est trop court pour lui permettre un tour complet. C'est plus souvent un demi-tour ou un peu moins, ce qui implique une réception côté beurre, comme chacun a pu le constater. Cela se vérifie aussi avec les biscottes et les tartines.

Deux : si la table sur laquelle nous prenons notre petit déjeuner était haute d'environ 3 mètres, les toasts retomberaient plus souvent sur leur côté non beurré. Cette deuxième loi peut être directement déduite de la première, puisqu'une table très haute (mais pas trop) autorise un tour complet du toast.

Hélas, les tables de 3 mètres ne courent pas les rues et sont de toute façon peu adaptées aux activités alimentaires courantes. Ce qui fait que les travaux de Matthews se sont révélés de peu d'utilité pratique. Sans doute est-ce l'une des raisons pour lesquelles ce chercheur est retourné ensuite à un relatif anonymat. C'est très injuste car, dès l'année suivante, Robert Matthews se mettait à produire de la science vraiment utile. Il publiait ainsi dans *Nature* (vol. 382, p. 766) un remarquable « Base-rate errors and weather forecasts ». Article qui commençait par la question : faut-il ou non s'encombrer d'un parapluie lorsque la météo prévoit de la pluie ? Et se terminait, quelques équations plus loin, par cette réponse formelle : non.

Non, c'est idiot de s'encombrer d'un parapluie — c'est littéralement une « stratégie sous-optimale » — car il y a peu de chances qu'on l'ouvre. Non pas que les bulletins météo soient totalement foireux, au contraire : la météo britannique (Matthews a fait son étude en Angleterre) est fiable à 83 % lorsqu'elle prévoit de la pluie. Pour autant, cela ne veut pas dire qu'il va pleuvoir toute la journée. Il va juste tomber un peu d'eau à un moment ou à un autre. Cette nuance est essentielle dans le cas qui nous occupe.

Car on sort rarement marcher dans la rue 24 heures d'affilée. C'est plus souvent une heure, au maximum. La bonne question à se poser est donc : quelle est la probabilité qu'il se mette à pleuvoir d'une heure sur l'autre ? Elle est faible : 8 chances sur 100 en moyenne, selon Chandler et Gregory (*The Climate of the British Isles*, Longman, 1976).

L'œuvre matthewsienne peut être ainsi résumée : on a toujours raison de se méfier des toasts, de la météo et des statistiques.

Virus du troisième type

Mais d'où vient-il, le virus de la pneumonie atypique (alias le Sras) ? Il n'est tout de même pas tombé du ciel ! Eh bien si, avance le chercheur Chandra Wickramasinghe dans la revue *The Lancet* (vol. 361, p. 1832). Oui, le virus du Sras serait tombé des cieux, et même de l'espace pour être précis.

La théorie est intéressante. Elle pourrait faire pas mal d'usage. L'épidémie de grippe espagnole durant la Première Guerre mondiale ? D'origine extraterrestre, affirme de la même manière Wickramasinghe. La grande peste d'Athènes, dans l'Antiquité ? Idem. Mais qu'on n'aille pas imaginer que la maladie de la vache folle provient d'une averse de bovins extragalactiques : ce problème-là a surgi, on le tient de bonne source, de farines bêtement terrestres.

Qu'on n'imagine pas non plus, au vu de son nom, que Wickramasinghe débarque de la planète Mars. Il est d'origine sri-lankaise. Et ce docteur ès sciences de Cambridge n'a *a priori* rien d'un illuminé. À l'université galloise de Cardiff, il enseigne l'astronomie, les maths et peut-être aussi des choses plus étranges. Il fut l'élève du regretté Sir Fred Hoyle, à qui l'on doit le terme de « big bang », ainsi qu'une mise au goût du jour de la théorie de la « panspermie ». En très bref : la Terre aurait été ensemencée par des formes de vie dérivant dans l'espace.

En bon disciple, Wickramasinghe a donc largué des ballons-sondes dans la stratosphère. C'était en 2001. Les ballons ont trouvé plein de bactéries à 41 kilomètres d'altitude (un peu haut pour être d'origine terrestre ?). Le chercheur a calculé que chaque jour environ 1 tonne de ce matériel bactérien devait tomber sur terre. Et pourquoi pas des virus, par la même occasion ? Et pourquoi pas celui du Sras ? « Une petite quantité de virus a pu tomber à l'est de la chaîne himalayenne, là où la couche stratosphérique est la plus mince, puis se déposer dans des régions avoisinantes. » Donc en Chine.

Vue de l'espace, la Chine continentale est un truc qui ne passe pas inaperçu tellement c'est grand. Même en visant mal, la poussière extraterrestre aurait du mal à la rater. Le dernier empire du communisme, qui jouit d'une grande variété d'écosystèmes, serait donc un immense champ de culture pour cette flore bactérienne et virale du troisième type.

Et puis badaboum ! La veille de la publication dans *The Lancet*, tombait une dépêche d'agence qui donnait au virus du Sras une tout autre origine que les confins de l'espace. « Le coronavirus de la pneumonie atypique a été trouvé chez la civette, mammifère carnivore d'Asie ressemblant à un chat », annonçait l'AFP, qui le tenait de chercheurs de l'université de Hongkong.

Brutal retour sur terre : les Chinois auraient chopé le Sras en mangeant de la civette. Au regard de la théorie de l'évolution, le virus aurait muté dans l'animal puis contaminé l'homme à l'occasion d'un bon gueuleton. Mais rien n'empêche de penser que les civettes avaient au préalable brouté de la poussière d'étoiles nous arrivant d'Arcturus. Chandra Wickramasinghe a également publié des recueils de poésie.

Empalez-moi tout ça

Les revues de médecine légale ne sont pas ce qui se fait de plus gai en matière de presse. Néanmoins, leur lecture est souvent édifiante, car elle permet d'explorer l'envers de ce décor qu'on appelle vie quotidienne. Ainsi découvre-t-on dans un même article du *Journal of Forensic Sciences* un usage étonnant des tabourets et un aspect inédit de la conduite automobile par mauvais temps.

Sous le titre guilleret de « Morts étranges par empalement : où est l'instrument ? » (vol. 47, nº 2, p. 389-91), une équipe de trois légistes allemands se penche sur le cas d'un automobiliste qui, pris dans une tempête, s'est vu littéralement perforé par une branche d'arbre arrachée par le vent. Après avoir traversé la poitrine du conducteur, lacérant quelques organes au passage, la branche est venue se planter dans son siège. L'homme était donc comme cloué sur place. Or, quelques dizaines de mètres plus loin, un arbre s'abattait devant la voiture (toujours la tempête), et le choc subséquent éjectait la branche et de l'homme et du siège, et même du véhicule. Si bien que les médecins légistes eurent beaucoup de difficultés à reconstituer la séquence des événements et déterminer la cause de la mort.

L'article rapporte également le cas d'un homme qui avait retourné un tabouret pour s'introduire l'un des pieds dans l'anus. Ainsi positionné, il procédait à ce que les légistes appellent en techniciens une « stimulation sexuelle anale ». Hélas, l'intéressé vint à glisser, s'affaissant lourdement sur le pied de tabouret. Lequel perfora rectum, vessie, intestins et foie, soit une brochette de 36 centimètres de long. Comme l'homme avait eu le temps d'extraire le pied de tabouret avant d'expirer, et que sa femme avait caché le siège avant l'arrivée des légistes, ces derniers se sont retrouvés une nouvelle fois fort perplexes.

« Dans les deux cas, la reconstitution des faits a nécessité une enquête approfondie sur le site et la prise en considération de circonstances extrêmement improbables », indiquent les auteurs. Une autopsie est aussi affaire d'imagination. Ces deux accidents doivent en tout cas nous inciter à la plus extrême prudence. On n'imagine pas la quantité d'objets qui ne demandent qu'à nous empaler. Le *Journal of Emergency Medicine* (vol. 17, n° 2, p. 255-59) rapporte le cas d'un windsurfer qui s'est fait embrocher par une orphie, animal marin doté d'une tête si effilée qu'on l'appelle aussi « aiguillette ». On découvre avec ahurissement, dans le *Journal of Trauma* (vol. 41, n° 6, p. 1036-38), l'histoire de cet homme qui s'est retrouvé avec un manche de club de golf planté dans le cou. On ignore comment l'objet s'est retrouvé là : swing peu orthodoxe, partenaire mal embouché ? Les auteurs précisent simplement qu'à leur connaissance il s'agit d'un cas sans précédent dans la littérature médicale. Signalons enfin qu'un service d'urgence américain a accueilli un homme avec une tête de râteau plantée dans le visage, événement si rare qu'il a donné lieu à un article très technique dans le *Journal of Craniofacial Surgery* (vol. 13, n° 1, p. 35-37).

Intelligence zéro

DEPUIS des lustres, physiciens et mathématiciens s'emploient à démontrer — avec un réel succès — que les analystes financiers sont des imposteurs, ou du moins des gens très inefficaces. En 1973 était publié un livre *(A Random Walk in Wall Street)* dans lequel un professeur de l'université de Princeton, Burton Malkiel, affirmait qu'un singe aux yeux bandés qui lancerait des fléchettes sur la page Bourse d'un quotidien sélectionnerait ainsi un portefeuille d'actions aussi valable que ceux des experts. En 1988, le *Wall Street Journal* prit Malkiel au mot et tenta l'expérience — à cette différence près que ce furent des journalistes qui manièrent les fléchettes, les singes étant rares à Wall Street. Eh bien l'expérience confirma l'intuition du professeur de Princeton, dans une large mesure (1). D'autres journaux économiques créèrent à leur tour des « fonds fléchettes », qui se comportèrent assez bien, et parfois mieux que le marché lui-même.

Puis voilà qu'en septembre 2003 paraissait dans *Condensed Matter* un article qui enfonçait la fléchette plus profondément encore. Son titre : « La puissance prédictive de l'intelligence zéro dans les marchés financiers ». Des physiciens y rapportent avoir modélisé les marchés avec des outils de mécanique statistique, prenant pour hypothèse que les traders passaient leurs ordres d'achats et de ventes de manière totalement aléatoire. Puis ils ont utilisé des données du London Stock Exchange (la Bourse de Londres) pour tester le modèle. Résultat : l'hypothèse « zéro intelligence » est parvenue à simuler le fonctionnement de la place de manière très satisfaisante. Conclusion : les mécanismes du marché sont tellement complexes que prendre des décisions au hasard ou sur la base d'analyses sophistiquées ne change rien au résultat global.

Dans la revue *Nature*, un commentateur a eu cette belle image : « Les traders peuvent être comparés à des fourmis s'agitant de façon chaotique dans une grande pendule, sans affecter en rien son fonctionnement. » On ne saurait être plus aimable.

La Bourse ne serait-elle donc qu'un grand chaos ? Pas tout à fait, objectent trois chercheurs anglais de l'université de Leeds. Ceux-ci ont eu la singulière idée d'analyser l'impact des succès et défaites de l'équipe nationale de foot sur les performances du London Stock Exchange. Ils ont ainsi suivi l'évolution boursière des 100 plus grosses sociétés du Royaume-Uni au lendemain des grandes compétitions (210 matchs disputés par l'équipe anglaise entre 1984 et 2002). Constat : les bons résultats se traduisent par une hausse sensible des cours (0,3 % en moyenne) et les mauvais par une baisse (0,4 %). Plus les matchs sont importants, plus forte est la variation. Ainsi, le jour où l'Allemagne a éliminé l'Angleterre durant le Mondial 1990 (après tirs de penalty), la Bourse a chuté de 1 %. Tout cela est détaillé dans les *Applied Economics Letters* (vol. 10, p. 783-85) sous le titre : « Impact économique des succès sportifs nationaux : éléments tirés du London Stock Exchange ».

On en conclura volontiers qu'il est plus profitable de consulter les pronostics sportifs que les analystes financiers.

(1) En 1998, le *Wall Street Journal* avait déjà effectué une centaine de tests, et le bilan était de 61 victoires pour les experts contre 39 pour les fléchettes. Les experts semblaient donc avoir un petit avantage, mais il faut interpréter les résultats. Comme le choix des « pros » était public (le contenu de leur portefeuille d'actions était publié dans le *Wall Street Journal*), il est possible que d'autres investisseurs s'en soient inspirés, d'où achat de titres, d'où montée de l'action, d'où meilleure performance du portefeuille des experts. Et donc compétition déloyale. Certains affirment que, corrigés de ces « variations saisonnières », les résultats donneraient l'avantage aux fléchettes.

La piste aux étoiles

L'INFINI est grand, l'éternité dure longtemps et — vient de calculer un astronome australien — il y a dans le ciel « plus d'étoiles que de grains de sable sur la Terre » (plages, déserts et sabliers inclus). Cela fait un assez joli nombre d'astres, que le Dr Simon Driver évalue à 70 000 millions de millions de millions. Soit un 7 suivi de 22 zéros, pour ceux qui aiment penser au cosmos comme à un gros chèque.

L'astronome n'a évidemment pas compté les étoiles une par une. Il a juste pris un bout de ciel, dénombré les galaxies qui s'y trouvaient et, en fonction de leur éclat, estimé le nombre d'étoiles qu'elles rassemblaient. Puis addition générale et extrapolation à l'ensemble de la voûte céleste. D'où avalanche de zéros et de grains de sable, laquelle a fait forte impression en août 2003 lors de l'assemblée générale de l'Union astronomique internationale.

« Même pour un astronome professionnel habitué aux grands nombres, ce chiffre est vertigineux », a commenté le Dr Driver, tout ébaubi par sa pêche miraculeuse. Le Terrien de base, lui, tombera-t-il de sa chaise en apprenant la nouvelle ? Peu probable. Il ne connaît généralement du ciel que la centaine d'étoiles visibles à l'œil nu depuis une grande ville. Alors, quelques milliards de plus ou de moins, et tout ça si loin.

Plus frappant est ce parallèle poétique tracé entre les étoiles et les grains de sable. Il ramène l'infinitude du cosmos à hauteur d'homme, tout en portant l'art de la communication scientifique à une altitude record. Ce type d'exercice pourrait connaître de multiples déclinaisons. Saura-t-on un jour établir une relation d'ordre entre le nombre de planètes extrasolaires et celui des vagues ridant toutes les mers du globe ?

Mais d'abord, comment l'astronome a-t-il fait pour évaluer le nombre de grains de sable sur notre planète ? Sans doute Simon Driver tient-il l'information d'un collègue géologue parti prélever des échantillons à Sables-d'Or-les-Pins et dans le désert du Hoggar, avant de revenir faire de savants calculs dans l'intimité de son laboratoire. Voici les sciences de la Terre et de l'Univers unies dans un grand concours de pifométrie.

Car que valent ces chiffres ? Côté sable, on sent bien que la marge d'erreur est vaste comme l'océan. Côté ciel, c'est pire : on ne sait même pas combien notre propre galaxie (la Voie lactée) contient d'étoiles. Certains disent 100 milliards, d'autres 300 milliards. Celui qui dira 1 000 milliards sera invité à la prochaine AG de l'Union astronomique internationale, pour peu qu'il démontre que sa méthode d'estimation est plus fine que les précédentes. Dans le fond, cette tendance inflationniste de l'astronomie est suspecte. On finira par croire que les observatoires s'inquiètent pour leurs crédits de fonctionnement. Ils doivent montrer qu'il reste beaucoup de grain à moudre. Ils en viennent à faire des lapsus sableux.

Le Dr Driver précise que son chiffre astronomique ne concerne que les étoiles qui sont à portée de nos télescopes. À l'échelle de l'Univers, il faut sans doute rajouter beaucoup de zéros, « peut-être une infinité ». Voyez le budget.

Médecine acrobatique

PRATIQUER un sport collectif expose à divers types de blessures. Encourager son équipe aussi. Des spécialistes américains de la médecine sportive ont mené un nombre non négligeable d'études sur les problèmes de santé des *cheerleaders*, ces jeunes filles qui se trémoussent sur le bord du terrain pour stimuler les supporters de leur équipe. Agitation de pompons et figures acrobatiques sont les activités classiques de la *cheerleader*. Elles ne sont pas sans risques. Ainsi l'*American Journal of Sports Medicine* a-t-il publié en 1983 un article titré « Kystes des ganglions et déchirement des fibrocartilages triangulaires des deux poignets chez une *cheerleader* » (vol. 11, p. 357-59), tandis que les *Archives of Physical Medicine and Rehabilitation* jugeaient utile en 1986 d'attirer l'attention sur un cas de « Neuropathie du palmaire médian chez la *cheerleader* » (vol. 67, p. 824-26).

Mais l'étude la plus complète est due à Mark Hutchinson qui, dans *The Physician and Sports Medicine*, a fait paraître en 1997 un important et peut-être définitif « Blessures des *cheerleaders* : modèles, prévention et études de cas » (vol. 25, n° 9). Chevilles, genoux, dos et mains sont les zones les plus vulnérables. Fractures, élongations et déchirements musculaires sont les problèmes les plus souvent constatés. Si les *cheerleaders* se blessent moins souvent que les joueuses de foot ou de basket, leurs blessures sont généralement plus graves, explique Hutchinson. Fait confirmé par le National Center for Catastrophic Sport Injury Research (université de Caroline du Nord), selon lequel la moitié des 57 accidents graves constatés dans le sport féminin entre 1983 et 2002 concernaient des *cheerleaders*. C'est dire combien réaliser des figures acrobatiques au milieu de l'effervescence suscitée par un match peut être une occupation dangereuse.

Une autre population fréquentant les bords de terrain est sujette à des accidents plus ou moins graves : les mascottes. Les équipes américaines ont souvent un animal fétiche. Un supporter doit donc se glisser dans une grande panoplie de l'animal correspondant, et se dandiner aux côtés des *cheerleaders* pendant les arrêts de jeu. Bien souvent, ça finit mal. Une équipe de l'université Johns Hopkins a étudié 48 de ces mascottes. Au total, les membres du groupe avaient subi 179 blessures. « C'est incroyable le nombre de façons dont ces mascottes peuvent se blesser, a commenté Edward McFarland, directeur de la médecine sportive à Johns Hopkins. Elles sont heurtées par des véhicules, tombent dans les escaliers ou se retrouvent prises dans des bagarres. » Mais le problème n° 1 est l'hyperthermie, souligne McFarland. S'agiter quand on porte un épais costume sur le dos est à proscrire absolument : un quart des mascottes ont dû un jour être réhydratées par voie intraveineuse.

Les parcs d'attractions — autres terrains de jeu où les animateurs costumés sont légion — rencontrent-ils les mêmes problèmes ? Un journaliste de l'hebdomadaire britannique *New Scientist* a cru utile de contacter Disneyland Europe pour en avoir le cœur net. Un porte-parole lui a répondu : « Chez nous, il n'y a pas de mascottes. Mickey n'est pas un personnage, c'est Mickey. » Mais le préposé à la communication dut admettre : « Comme tout le monde, Mickey peut avoir des problèmes les jours où il fait chaud. » Il doit même arriver à Mickey, ou à Donald, de se fouler une cheville de temps à autre. La littérature scientifique ne pourra rester longtemps muette sur ce point.

Le cri du congélateur

Le phénomène dit du « sapin de Noël » est la hantise des opérateurs de centrales nucléaires et des pilotes de ligne. Une grosse panne survient, qui en entraîne une autre, qui à son tour, etc. Résultat, toutes les alarmes sonores et visuelles se déclenchent les unes après les autres, et le tableau de commande se met à clignoter de partout, indéchiffrable. C'est le moment où certains se mettent à prier.

Dans la vie quotidienne, ce genre de phénomènes nous concerne assez peu, sauf à être passager d'un avion qui pique vers le sol avec ses réacteurs en feu. L'invasion progressive de nos foyers et automobiles par l'électronique devrait toutefois nous permettre de combler rapidement ce retard. Déjà, portables déchargés, phares laissés allumés à l'arrêt et déclenchement intempestif du système anti-intrusion par le chat nous font vivre dans un concert strident d'alarmes entêtées.

Aussi faut-il rendre grâce à Pernilla Ulfvengren, étudiante à l'Institut royal de technologie à Stockholm, dont les travaux vont sans doute nous éviter le pire. Fin 2003, cette jeune Suédoise a défendu une thèse portant sur la « Conception de sons d'alarme naturels pour les systèmes homme-machine ». Pernilla rappelle que près d'une vingtaine d'alarmes peuvent se déclencher simultanément dans le cockpit d'un avion. Elle note que si les alarmes sonores y sont fort utiles (pas besoin d'avoir le nez dans le tableau de bord pour les repérer), elles sont aussi singulièrement mal foutues : ce sont souvent des *bip* aigus et monotones, difficiles à distinguer les uns des autres. L'étudiante suggère donc aux industriels de « personnaliser » les sons d'alarme afin de les rendre plus facilement identifiables. Par exemple, propose-t-elle, un *slurp-slurp* indiquerait un réservoir presque vide (imaginez votre petit neveu s'acharnant à la paille sur les dernières gouttes de son Coca). Nous suggérons quant à nous qu'un congélateur plus assez froid se mette à pousser des cris de phoque, et qu'un pneu en train de se dégonfler se signale par des pets sonores.

Bien. Mais dans un contexte un peu complexe, comme celui d'une centrale nucléaire, que donnerait cette approche intuitive ? Le plus beau « sapin de Noël » a été allumé le 28 mars 1979 à la centrale américaine de Three Mile Island. En quelques secondes, les deux opérateurs de garde ont vu se déclencher une bonne centaine d'alarmes clignotantes sur leur tableau de commande. Si bien qu'ils furent incapables d'identifier l'origine de cette cascade de pannes (un problème de pompes sur le circuit secondaire, en fait). Le cœur du réacteur fondit. Ce fut l'accident nucléaire le plus grave de l'histoire des États-Unis.

Rejouons la scène avec cette fois des alarmes

sonores intuitives. À 4 heures du matin, les pompes électriques s'arrêtent de tourner *(ouah-ouah)*. La pression monte dans le circuit primaire *(tchou-tchou)*. Les barres de contrôle tombent dans le cœur *(plouf-plouf)*. Le combustible commence à fondre *(ouille-ouille)*. Les opérateurs partent en courant *(au secours ! au secours !)*. Finalement, le résultat est le même : la fusion du cœur. Mais cela a été quand même plus drôle, non ?

Poisson pleure

OUI, les poissons peuvent avoir mal, eux aussi. On s'en doutait un peu pour en avoir torturé quelques-uns (c'était il y a très longtemps, le crime est prescrit), mais la science n'avait pas encore rendu de verdict clair et définitif. Depuis avril 2003, plus aucun doute. Après avoir infligé des traitements atroces à un banc de truites, l'équipe de la chercheuse britannique Lynne Sneddon a établi que le poisson était tout à fait équipé pour souffrir, et qu'il ne s'en privait pas si on lui en donnait l'occasion.

Il fallut d'abord repérer les nocicepteurs, ces récepteurs de la douleur. On y parvint, sur des poissons anesthésiés. Mais ce n'était pas suffisant. Pour prouver que l'animal ressent vraiment la douleur, on devait vérifier qu'il adoptait un comportement dénué de toute ambiguïté. On injecta donc du venin d'abeille et de l'acide acétique dans les lèvres des truites. Voyez le carnage. « Leurs réactions n'ont pas semblé être des réponses réflexes », a noté Lynne Sneddon. Les poissons souffrent, CQFD.

Restait à évaluer toutes les implications de cette démonstration. Le *New York Times* dépêcha un envoyé spécial le long des rivières de la belle Angleterre, pays réputé tant pour la qualité de ses parties de pêche que pour la vigueur de ses mouvements de défense des animaux. Côté cannes et moulinets, l'envoyé spécial recueillit ce commentaire, en substance : c'est des conneries. Si les poissons souffraient au bout d'un hameçon, ils se rapprocheraient du pêcheur pour soulager la tension et la douleur, au lieu d'essayer de prendre le large comme on le constate généralement.

Du camp des activistes, le journaliste ramena une belle affiche. Elle représente un bon gros toutou accroché par la gueule à un crochet. Avec cette légende : « Vous ne le feriez pas à un chien, pourquoi le faire à un poisson ? » Car, sauf à être un pêcheur foncièrement maladroit, il est extrêmement rare que l'on ramène un clébard au bout de sa ligne.

Quelques jours plus tard, le débat se déplaçait au Danemark. Le directeur d'un musée était jugé pour avoir laissé deux poissons rouges mourir dans des conditions originales, lors d'une exposition qui ne l'était pas moins. Un artiste avait installé des petits poissons dans dix mixeurs, laissant aux visiteurs le choix d'appuyer ou non sur le « bouton de la mort ». Deux visiteurs se dirent pourquoi pas. Devant le tribunal, le directeur plaida : « Un artiste a le droit de faire des œuvres qui défient notre conception de ce qui est bien et de ce qui est mal. » On imagine donc qu'il n'aurait pas vu d'objection à ce que l'artiste plaçât des chiots dans ses mixeurs.

Il fut démontré à la barre que les poissons, broyés

dans la seconde, n'avaient pas souffert. Le directeur du musée fut acquitté. Le cas des pêcheurs s'annonce moins favorable, car l'hameçon n'a pas les délicatesses du mixeur. Sans doute les intéressés devront-ils troquer la canne pour la grenade explosive : mort immédiate et pêche fructueuse par-dessus le marché. Seul le bruit pourrait être un peu gênant.

Proust : avis de recherche

Ces quatre-vingts dernières années, l'œuvre de Marcel Proust a été l'objet d'innombrables études enthousiastes et touffues. Un long parchemin réunissant l'intégralité de cette littérature analytique aurait des chances de se déployer bien au-delà des limites du système solaire. Si bien qu'on ne voit pas ce qu'il reste à écrire de neuf sur le sujet. N'a-t-on pas atteint le fond du fond en 1993 avec la parution, dans la *Revue de linguistique romane* (vol. 57, n° 227-28, p. 455-69), d'un article se fixant cette ambition folle : « Déterminer les motivations de l'emploi inattendu des pronoms relatifs composés chez Marcel Proust » ?

Eh bien non, il restait du grain à moudre. Trois ans plus tard, Brigitte Mahuzier signe dans le n° 46 du *Bulletin Marcel Proust* un stupéfiant : « Proust déboutonné : pour une théorie du bouton dans la *Recherche* ». 15 pages pour effectuer une figure acrobatique inédite : « Montrer comment le bouton est le lieu où se rencontrent l'infiniment grand et l'infiniment petit, et où se développent les théories de Proust sur la mémoire, la perception, la représentation. » Oubliez la madeleine, c'est sur le bouton qu'il fallait appuyer (pour avoir le *total flash-back*).

Toutefois, toujours en 1996, l'érudite Kazuko Maya tient à faire quelques dernières « Remarques sur le tilleul dans l'épisode de la madeleine », in *Bulletin d'informations proustiennes* (n° 27, p. 41-54). Kazuko y note « l'hésitation de Proust entre le tilleul et l'aubépine, le fait que le tilleul sec, à la fois masculin et féminin, a à voir avec le thème de l'hermaphrodisme ». Nous soulignerons pour notre part que les infusions de tilleul et d'aubépine sont d'assez bons inducteurs du sommeil.

On a écrit sur la *Recherche*, on a écrit sur ce qui a été écrit sur la *Recherche*. Le temps est venu d'écrire sur ce qui devrait être écrit sur la *Recherche*. Ainsi Isabelle Decarie s'interroge-t-elle dans les *Études françaises* (vol. 38, n° 1-2) : « Pourquoi Jacques Derrida n'a-t-il pas encore consacré un ouvrage complet à la *Recherche*, quand tout semble le prédisposer à le faire ? » Sous le titre de « Tentations proustiennes », l'auteure entreprend donc de « mettre au jour les liens qui existent entre certains textes de Derrida et la *Recherche*, afin de montrer comment, par le choix d'un genre hybride, par une lecture à contretemps et une conception de la littérature comme spectre, Proust se manifeste dans l'écriture du philosophe ». Derrida serait bien avisé de se mettre au boulot.

Reste désormais à écrire sur ce que Proust aurait écrit s'il n'avait pas écrit la *Recherche*. Monique Schneider a une idée là-dessus. « S'il n'avait pu, à force de travail, de haine et de désir, s'affranchir de son homosexualité et de sa mère dans l'écriture, Proust serait resté le petit loup qui montre ses petits papiers à sa petite maman » (in *Revue française de psychanalyse*, vol. 63, n° 2). Car on trouve au chevet de Proust un indéscotchable bataillon de psychanalystes. Comme Maria-Vittoria Galli-Carminati qui entend « analyser le fantasme proustien en tant que "la femme que j'aime se trouve en moi" » (in *Cahiers de sexologie clinique*, vol. 27, n° 152, p. 33-39). Ou comme Jacqueline Harpman qui réussit à trouver dans le seul premier chapitre de l'œuvre « l'élucidation du fantasme masturbatoire, de l'homosexualité et de l'asthme de Marcel Proust » (*Revue française de psychanalyse*, vol. 63, n° 2). Tout ça d'un coup.

Physique à marée haute

C'EST EN essayant de percer les secrets de la matière que les physiciens du Centre européen de recherches nucléaires (Cern) ont découvert que le TGV Genève-Paris de 16 h 55 était toujours à l'heure. Ils venaient de construire un accélérateur de 27 kilomètres de circonférence pour traquer quelque évanescente sub-particule et pêcher enfin, avec un peu de chance, une théorie du Grand Tout. À peine allumée, leur machine d'un milliard d'euros se révéla être un excellent indicateur des chemins de fer. Elle aura au moins servi à ça.

La recette est simple. Il suffit de creuser un immense tunnel circulaire près de Genève (ou ailleurs, en fonction de la gare qui vous intéresse). De le truffer d'électro-aimants superpuissants et de capteurs ultrasensibles. Puis d'y faire tourner en sens inverse deux faisceaux de particules, l'idée étant de provoquer une supercollision puis de trier les éclats à la recherche du petit bout de machin qui changera notre conception de l'Univers.

Mais auparavant, il faudra s'assurer que tout marche bien, on peut avoir des surprises. Et surprise il y a, en effet : chaque matin, vers 4 heures, le champ magnétique dans l'anneau commence à devenir dingue. Ça dure jusqu'à minuit. Grattez-vous la tête pendant quelques mois et tombez enfin sur un ingénieur qui vous dise : ben c'est normal, les gars. C'est à cause de la ligne TGV. Au passage des trains, le courant des caténaires descend dans les rails et, de là, part dans le sol. Il finit dans les tubes en aluminium de l'accélérateur, qui sont d'excellents conducteurs. D'où perturbations régulières du champ magnétique.

Prenez un air stupéfait : vous venez de cuisiner l'indicateur le plus cher du monde.

Mais le Lep (Large Electron Positron collider), puisqu'il s'agit de lui, a eu bien d'autres usages avant sa fermeture en 2000. Par exemple, il permettait — quand la saison s'y prêtait — de surveiller la fonte des neiges du Jura. L'eau rejoignait le lac Léman, lequel devenait plus lourd et déformait très légèrement l'anneau de l'accélérateur. Suffisamment en tout cas pour perturber le champ magnétique.

Le Lep donnait aussi un bon horaire des marées, car la machine était si sensible qu'elle détectait les déformations de la Terre dues à l'attraction de la Lune. C'est ainsi qu'à Genève on pouvait connaître l'heure de la pleine mer. Ce qui, là-bas, était évidemment d'une utilité relative (c'était avant les exploits helvético-néozélandais dans la coupe de l'America).

L'instrument avait un usage plus exotique encore : aider à traquer la « force faible », celle qui donne au Soleil son énergie et explique certaines formes de radioactivité naturelle. Cette fonction-là n'avait aucune application pratique. Or, fait surprenant, les scientifiques s'évertuèrent à rendre le Lep insensible au passage des trains comme à la fonte des neiges, rien que pour mieux étudier cette force vraiment très très faible.

Hormis pour quelques savants, la machine perdit toute utilité. Si bien qu'on finit par la fermer.

Girafe peignée

C'EST AU PIED de la girafe que l'on mesure le scientifique. La girafe pue : elle dégage une odeur pestilentielle repérable à des centaines de mètres à la ronde. Le scientifique s'interroge : mais pourquoi la girafe pue-t-elle donc tant ? Donc il cherche. Puis finalement trouve et publie dans la revue *Biochemical Systematics and Ecology* un article tout bêtement titré « L'odeur de la girafe réticulée » (vol. 30, p. 913).

La girafe réticulée, qui vit en Somalie et au Kenya, contemple le monde du haut de 5 bons mètres. Elle a par ailleurs une vue excellente. Mais vraiment elle pue. Grâce à William Wood, professeur de chimie à l'université de Humboldt State (Californie) et signataire de l'article, on sait désormais pourquoi : dans le pelage de la girafe sont nichés deux composés extrêmement odorants, l'indole et le 3-méthyle-indole. Ce dernier, également connu sous le nom de « scatole », sent très fort ce qu'on appelle vulgairement le caca.

Alors maintenant que fait-on ? Fort de cette information, va-t-on bricoler génétiquement des girafes sans odeur ? Elles passeraient inaperçues (surtout les nuits sans lune) et leurs prédateurs les embêteraient moins.

Ou alors ce serait l'inverse : sans ce parfum repoussant, les girafes se retrouveraient soudain nues et vulnérables comme Marilyn dépouillée de son Chanel n° 5. Dans un cas comme dans l'autre, la population des giraffidés pourrait connaître de dangereuses fluctuations.

Ce n'est pas dans cette direction qu'a regardé le Dr Wood. Après avoir analysé le poil de girafe, il s'est plutôt demandé : mais pourquoi donc cet animal se balade-t-il avec du 3-méthyle-indole dans la crinière ? Réponse : parce que ce produit repousse les tiques et autres parasites. Cette direction pourrait finalement s'avérer plus dangereuse que la précédente. Car on en craint cette application évidente : pour éviter de se faire mordre par les tiques, il faudrait que nous nous barbouillions d'excréments. Ce qui ôterait beaucoup de leur charme (et de leur efficacité) aux promenades romantiques dans les sous-bois.

Pourquoi le Dr Wood ne s'intéresse-t-il pas aux roses et aux violettes ? Il a naguère fait un effort en étudiant les odeurs des champignons de nos campagnes. Mais il en est revenu avec des conclusions assez ésotériques : les champignons qui sentent le concombre contiennent du trans-2-nonénal, et ceux qui fleurent l'ail sont imprégnés de lenthionine.

La grande spécialité du professeur William Wood reste toutefois de flairer le règne animal. Ces quinze dernières années, il s'est penché successivement sur le cas des putois (tachetés, rayés et capuchonnés), des antilopes, gazelles, cerfs, serpents et l'on en passe. Si la girafe constitue le sommet de son œuvre, en tout cas sa partie la plus remarquée, c'est sans doute parce qu'en lisant sa communication une image vient immédiatement à l'esprit : le docte Dr Wood grimpé sur une échelle, en train de fouiller la crinière de la girafe avec ce qu'on imagine être un peigne.

Oui, l'université de Humboldt State peut se prévaloir de compter en ses rangs le premier scientifique qui ait littéralement peigné la girafe.

Le plein de coco

EN ALLEMAGNE, 9 billets sur 10 portent des traces de cocaïne. C'est l'Institut de recherches biomédicales et pharmaceutiques de Nuremberg qui l'annonçait en juin 2003, après analyse d'un échantillon de 600 coupures en euros. Cela veut dire que la monnaie européenne ne sert pas qu'à payer son bifteck chez le boucher.

Pour autant, on se gardera d'en conclure que 90 % des Allemands ont le nez plongé dans la coke par billets interposés. Les machines utilisées par les banques pour compter le pognon dispersent la poudre sur tout le paquet, y compris sur les coupures qui n'ont jamais survolé un « rail » de leur vie. Résultat : tout le monde est contrôlé positif à la sortie, on se croirait au Tour de France.

L'important, c'est la concentration du produit. « Les études ont montré que la quantité de cocaïne retrouvée sur les billets des pays où la consommation est moindre, comme en France, en Finlande ou en Grèce, était moins importante que sur les billets des pays où la drogue est plus répandue », précise Fritz Sörgel, responsable des recherches. À cette aune, l'Espagne décroche le pompon. Les chercheurs allemands ont sniffé des billets à Barcelone, et en sont revenus « atterrés » : « La concentration de cocaïne sur les billets espagnols était une centaine de fois supérieure à celle mesurée en Allemagne. » Il doit en arriver des wagons entiers là-bas.

Apprenant que les billets allemands étaient presque tous blancs de coke, les journalistes d'outre-Rhin ont souhaité recueillir l'avis de la Banque centrale européenne. Celle-ci n'a pas souhaité s'exprimer. Ce silence étonne. Il inquiète même : et si l'euro était pollué à la source ? Fritz Sörgel et ses confrères devraient aller jeter un coup d'œil sur les sous-main des banquiers centraux.

Récemment, ils n'ont pas hésité à aller fouiller les toilettes du Bundestag (la Chambre « basse »). Ils y ont relevé des traces de cocaïne « qui feraient aboyer un chien spécialisé dans la détection de stupéfiants » (car les chercheurs allemands ont aussi le sens de la formule). Comme Poutine, l'Institut de Nuremberg veut acculer l'ennemi « jusque dans les chiottes ». Les sessions de nuit au Bundestag sont-elles si éprouvantes qu'il faille, pour en voir le bout, se blanchir les sinus ? Pourquoi n'a-t-on pas testé également les pupitres de l'hémicycle ?

Mais d'autres chantiers sont sans doute plus urgents. Traquer le THC (tétrahydrocannabinol) sur les tickets de métro usagés, vider les cendriers des salles de rédaction, ratisser les plateaux dans les cantines scolaires. On aimerait bien savoir aussi ce qui rend si *groovy* l'ambiance au palais du Luxembourg, chez nos bons sénateurs. De fil en aiguille, on pourrait s'intéresser aux bulletins de vote : l'isoloir est le lieu de toutes les turpitudes.

Ensuite, direction l'Élysée, il s'y passe des choses si stupéfiantes. Il faudra y installer des spectromètres de masse super-costauds, car tout indique que les substances sont vachement concentrées. Mais leur nature reste un mystère : quel genre d'alcaloïde peut produire des effets pareils ?

Science à la noix

LE COCOTIER *(Cocos nucifera)* est un arbre dont il faut se méfier, surtout si l'on réside dans un pays où il en pousse. La fréquentation des cocotiers induit en effet deux types de risque. D'une part, on peut recevoir une noix de coco sur la tête — ou toute autre partie du corps — si l'on passe au mauvais moment. D'autre part, on peut tomber soi-même du cocotier, si l'on y a grimpé (l'exercice est tentant).

Quelques études scientifiques récentes ont permis de mieux cerner l'importance de la menace. L'analyse du registre des admissions de l'hôpital d'Alotau, en Papouasie-Nouvelle-Guinée, a révélé que 2,5 % des patients souffrant de traumatismes le devaient à une chute de noix de coco. Cette étude, parue dans le *Journal of Trauma* (vol. 24, p. 990-91) sous le titre explicite de « Blessures dues aux chutes de noix de coco », détaille quelques cas particulièrement spectaculaires, soit que les personnes concernées soient mortes sur le coup, soit que leur état de santé ait nécessité une intervention chirurgicale immédiate. L'article rappelle opportunément qu'un cocotier adulte peut mesurer jusqu'à 35 mètres, et que la noix de coco peut peser jusqu'à 4 kilogrammes. Voyez les dégâts au pied de l'arbre.

Le même auteur a récidivé, cette fois dans le *British Medical Journal* (vol. 289, p. 1717-20), en étudiant les cas de chute depuis un cocotier (c'est ici l'homme qui tombe, et non plus la noix). Il s'avère que ce type d'accident est encore plus fréquent que le précédent : 27 % des admissions pour traumatismes. « Il y a plusieurs stratégies pour prévenir ce type de blessures, note l'auteur. La plus efficace sans doute est d'interdire aux jeunes enfants de grimper dans les grands arbres. »

Une étude similaire a été menée aux îles Salomon, avec des résultats sensiblement différents. Ici, 3,4 % des admissions sont dues aux cocotiers, toutes causes confondues. Ce travail, présenté comme « l'analyse la plus complète jamais réalisée sur les blessures liées aux cocotiers », est effectivement d'une extrême précision. On apprend ainsi qu'entre le début 1994 et la fin 1999, 85 habitants des îles Salomon sont tombés d'un cocotier pour atterrir à l'hôpital, 16 ont reçu une noix de coco, 3 ont pris sur la tête tout le cocotier (chute de l'arbre) et 1 s'est blessé en donnant un coup de pied dans un tronc. On ne sait si ce dernier cas s'est compliqué d'une chute subséquente de noix.

Les auteurs de l'étude, publiée dans l'*Australian and New Zealand Journal of Surgery* (vol. 71, p. 32-34), concluent leur article par cet avertissement : « Les parents et les jeunes enfants doivent être prévenus des dangers encourus lorsque l'on joue au pied des cocotiers. » 11 des 16 patients ayant reçu une noix de coco étaient âgés de moins de 25 ans, ce qui laisse à penser que l'îlien adulte finit par développer une véritable méfiance vis-à-vis de l'arbre, renonçant ainsi à son ombrage pour plus de sécurité.

Résider en Laponie n'expose à aucun de ces risques, et c'est en sus une fort belle région, quoiqu'un peu froide.

« Si un Martien pète »

À L'AUTOMNE 2003, la fière Europe était en route pour la planète Rouge. Sa sonde *Mars Express* devait arriver sur zone en décembre, et larguer alors un petit module automatique, baptisé *Beagle 2*, qui s'en irait fouiller la surface de Mars à la recherche d'éventuelles traces de vie. Le concepteur de cet engin, le Britannique Collin Pillinger, était alors extrêmement confiant dans la sensibilité de son appareillage puisqu'il déclarait à la presse : « Si un Martien pète, *Beagle 2* détectera le méthane émis. »

Hélas, ce module automatique n'a plus jamais donné de ses nouvelles depuis son arrivée sur Mars. Qu'est-il devenu ? Imaginons qu'il soit encore en état de marche. Supposons également que le Martien y mette un peu du sien, d'abord en existant, puis en ayant un anus dont il sache se servir. Soudain un Martien qui se promène par là lâche un léger pet : l'électronique de *Beagle 2* s'en rend compte immédiatement. Ce n'est pas là une mince performance, sauf à imaginer que le Martien émette des pets phénoménaux que même une éolienne détecterait.

Un Martien pète, la Terre l'apprend. C'est un choc

pour l'humanité : il existe donc une forme de vie extraterrestre qui pète, c'est d'ailleurs comme ça qu'on l'a repérée. Un extraterrestre aussi sympathique, on a envie d'aller lui en serrer cinq immédiatement. Hélas, les navettes spatiales de chez nous ne desservent pas encore la planète Mars. C'est bien le problème avec la science : elle dévoile des horizons fascinants, mais les laisse inaccessibles. Il n'y a donc plus qu'à espérer que les Martiens viennent en soucoupe volante nous péter sous le nez.

Collin Pillinger est sans doute un lecteur de René Fallet. Dans *La Soupe aux choux*, le romancier a imaginé précisément cette situation, à ceci près que c'est en entendant un homme péter que le Martien découvre l'existence de l'humanité. Mais c'est kif-kif. À croire que le pet est le langage commun du cosmos. Le pet est en tout cas le signe d'un métabolisme actif. Je digère donc je vis. Je vis donc je pète. Je pète donc je suis. C'est une loi de l'Univers. Peu probable qu'il en aille autrement sur Mars.

Examinons toutefois cette hypothèse : le Martien existe mais il n'a pas de trou du cul. *Beagle 2* n'a par conséquent aucune chance de le flairer. C'est idiot : deux civilisations allaient entrer en contact, s'échanger des sommes infinies de connaissances, et voilà qu'elles se loupent. Mais, dans le fond, un Martien infoutu de péter aurait-il eu grand-chose à nous apprendre ?

Dernier cas de figure : le Martien existe, mais il pète autre chose que du méthane. Collin Pillinger y a-t-il seulement songé ? Cette hypothèse est encore plus embêtante que la précédente. Car ce Martien-là, hélas aussi indétectable que celui qui n'a pas de trou du cul, est un animal dont on aurait vraiment aimé faire la connaissance. « Que pètes-tu donc, Martien ? », aurions-nous demandé. « Du fréon et un peu de protoxyde d'azote », aurait-il peut-être répondu. C'eût été le début d'une belle histoire.

Science sous ecsta

EST-IL BIEN raisonnable de s'envoyer deux ou trois cachets d'ecstasy durant ces nuits où l'on se trémousse sur de la musique qui fait beum-beum-beum ? En 2002, une étude publiée dans la revue *Science* (vol. 297, p. 2260-63) déconseillait formellement l'expérience. Des scientifiques américains de l'université Johns Hopkins (une des Rolls de la recherche médicale) avaient injecté à des singes l'équivalent d'une consommation nocturne d'ecsta. Résultat : deux des dix cobayes étaient morts d'hyperthermie en quelques heures. Les autres n'étaient pas dans un état formidable : leurs neurones producteurs de dopamine étaient très endommagés, comme chez les parkinsoniens. Une seule nuit sous ecsta, et voyez le résultat. L'étude fit grand bruit. D'autant que le Congrès américain s'apprêtait alors à examiner une législation régulant les *rave parties*.

En 2003, la même équipe reprenait la plume dans *Science* (vol. 301, p. 1479) pour dire à peu près ceci : désolés, les gars, on s'est complètement trompés. À la suite d'une erreur d'étiquettes et de flacons, ce n'est pas de l'ecstasy (MDMA) qui a été injectée aux singes, mais des métamphétamines beaucoup plus puissantes.

Traduction en langage contemporain : les pauvres bêtes ont reçu une méchante dose de *speed*.

Cette nouvelle publication, sous forme d'une simple lettre de rétractation, a eu beaucoup moins d'écho que la précédente. Peu de journaux se sont souciés de revenir sur l'affaire, qui prenait une tournure très anecdotique. Dans le milieu de la recherche, par contre, ce fut la consternation. Comment une équipe de l'université Johns Hopkins, dirigée par le chevronné George Ricaurte, a-t-elle pu s'emmêler les pinceaux à ce point-là ? Et pourquoi la revue *Science* a-t-elle laissé passer le premier article, alors que de toute évidence on n'observe pas dans les *raves* un taux de mortalité de 20 % ?

« C'est un scandale honteux, tonna dans les colonnes de *The Scientist* l'éminent pharmacologue britannique Leslie Iversen. C'est encore un exemple de ce que peuvent produire des scientifiques quand ils font des recherches sur les drogues illicites dans le seul but de démontrer ce que le gouvernement leur demande de démontrer. » Ces propos firent scandale à leur tour. Quant à la revue *Science*, elle vit dans cette affaire une occasion de se réjouir. « C'est une excellente illustration de la capacité de la science à se corriger elle-même, y compris à l'intérieur d'un même laboratoire », se félicita un éditorial. Faute avouée n'est-elle pas à demi pardonnée ?

On se gardera de conclure de tout cela qu'un cachet d'ecsta ne fait pas plus de mal qu'un bonbon Kréma (à défaut de détruire le système dopaminergique, la MDMA peut, après consommation répétée, avoir des effets nocifs sur les circuits de la sérotonine, avec à la clé de sévères dépressions, entre autres). Mais rien n'interdit aux facétieux de faire de jolies cocottes en papier avec les pages de *Science*, pourvu que ce ne soient pas celles des rectificatifs.

Il ne faut jura de rien

Sommes-nous bien vivants, ou le monde n'est-il qu'illusion ? À qui, à quoi se fier pour s'assurer que nous partageons la même réalité ? Réponse : à la géographie. La Loire prend sa source au pied du mont Gerbier-de-Jonc, et le mont Blanc est le point culminant du territoire français. Voilà deux choses sur lesquelles tout le monde semble d'accord, et cela ne suffit-il pas à nous donner le sentiment d'appartenir à une communauté fondée sur des bases tangibles ?

Or voilà que tout s'effondrait le 25 novembre 2003 lorsque le correspondant de l'AFP à Besançon (fonction qui n'a pu être confiée qu'à un garçon sain d'esprit) envoyait à Paris la dépêche suivante : « Le Reculet, jusqu'ici considéré, avec 1 719 mètres d'altitude, comme le point culminant du massif du Jura, vient d'être détrôné par un sommet non répertorié jusqu'à présent, haut de 1 720 mètres et situé à proximité immédiate du Crêt-de-la-Neige qui avait lui-même longtemps prétendu à ce titre. » Résumons : il a fallu attendre le troisième millénaire pour savoir où se trouvait le point culminant du Jura.

C'est Joël Tauzin, cartographe à la Direction départementale de l'Équipement de Vesoul, qui a déniché le nouveau sommet. Cela faisait trente ans que cet homme se disait que ce pic rocheux, là, à côté du Crêt-de-la-Neige, il avait l'air vraiment très haut. « Il y a quelque temps, a témoigné Tauzin, j'ai enfin disposé d'un altimètre très précis qui a confirmé cette intuition. Quand je leur ai fait part de ma découverte, les ingénieurs de l'IGN m'ont dit que c'était impossible. » Mais les arpenteurs de la France durent bientôt se rendre à l'évidence, après avoir réalisé leurs propres mesures sur place.

Le sommet en question avait été bêtement oublié lors des relevés topographiques antérieurs. Ce serait dû à des « contraintes techniques présidant à l'installation des bornes géodésiques sur les sommets, qui, autrefois, nécessitaient d'être placées les unes en face des autres ».

Il n'est pas impossible qu'en cherchant encore un peu, on finisse par dénicher un autre point culminant dans le Jura, ainsi qu'une autre source pour la Loire. Quant au mont Blanc, on apprenait en 2001 qu'il n'était pas haut de 4 807 mètres (comme on l'a suffisamment ânonné) mais de 4 810 mètres et 40 centimètres. Par la suite, on s'est même habitué à voir son altitude changer chaque année en fonction des températures et des progrès de la technique. Aux dernières nouvelles (septembre 2003), le mont Blanc culminerait à 4 808,45 mètres. Sous l'effet de la sécheresse, du vent et de la chaleur de ces deux dernières années, la couche de glace qui le recouvre a perdu 1,95 mètre depuis 2001. Il s'est également déplacé d'environ 70 centimètres vers le nord-ouest. Le mont Blanc bouge ! Pour ajouter à la confusion, rappelons que, depuis 1860, Français et Italiens n'ont pas réussi à se mettre d'accord sur le tracé de la frontière au sommet de l'Europe. Chacun voit midi à sa porte et le mont Blanc dans son camp.

Bref, la géographie est une discipline dont les énoncés ne sont pas irréfutables. Donc rien n'est sûr, dans le fond. Peut-être vivons-nous dans un monde très bien imité ?

Amour fou

LE GRAND, le violent amour peut nous amener à faire des choses parfaitement stupides. Est-il pour autant assimilable à un trouble obsessionnel-compulsif (TOC) ? Oui, répond la science, qui ne laisse jamais passer une occasion de casser l'ambiance. Rappelons que les gens souffrant de TOC ne peuvent s'empêcher d'accomplir des rituels idiots, comme vérifier quinze fois que le gaz est fermé avant d'aller se coucher, ou bien se laver les mains toutes les dix minutes.

Pour des raisons obscures, ce sont des femmes qui se sont mis en tête d'établir un parallèle entre le sentiment amoureux et ce type de troubles du comportement. La première, Donatella Marazziti, de l'université de Pise (Italie), a montré que ces deux états avaient la même « signature chimique » au niveau du cerveau : l'amoureux et l'obsessionnel-compulsif présentent tout deux un déficit en transporteurs de la sérotonine (un neuromédiateur). Pour en arriver là, Marazziti a réuni une soixantaine de personnes — un tiers d'amoureux récents (moins de six mois), un tiers de sujets à TOC et un tiers de gens « normaux » — et les a soumises à divers tests et prises de sang. Après quoi la chercheuse et son équipe ont pu conclure dans *Psychological Medicine* (vol. 29, n° 3, p. 741-45), sous le titre de « Alteration of the platelet serotonin transporter in romantic love », que l'amour était vraiment un drôle de truc, un truc de fou. Ces travaux ne visaient pas à mettre au point un remède contre les chagrins d'amour, mais à étudier l'amour du point de vue de l'évolution. Donatella Marazziti a-t-elle connu l'amour fou, et si oui, s'en est-elle tout à fait remise ?

Même question pour sa collègue Helen Fisher, anthropologue à la Rutgers University (États-Unis), qui a passé au scanner dix-sept amoureux, filles et garçons, pour voir ce qu'ils avaient dans le crâne. Plus précisément, le Dr Fisher a utilisé l'imagerie fonctionnelle par résonance magnétique, une technique qui permet d'étudier l'activité du cerveau *in vivo*. On enfourne le sujet allongé dans un gros appareil bruyant, et on le soumet à divers exercices. En l'occurrence, les cobayes se sont vu projeter alternativement des photos de celle/celui dont ils/elles étaient raides dingues, et des photos de simples connaissances. Les réactions de la matière grise furent sensiblement différentes.

Helen Fisher a déduit de ses observations que les premières phases d'une relation amoureuse activaient des zones du cerveau carburant au cycle effort/récompense, tandis que les phases plus matures faisaient phosphorer des régions liées aux émotions. C'est du moins ce qu'elle a rapporté lors de la réunion annuelle de la Société américaine pour les neurosciences, en 2003. Bien, mais les TOC là-dedans ? « Amour naissant et trouble obsessionnel-compulsif induisent une activité dans la même région du cortex cingulaire antérieur », a observé Lucy Brown, une neurologue travaillant avec Helen Fisher. On ne découvre pas ce genre de choses sans les avoir un peu cherchées.

L'équipe du Dr Fisher envisage maintenant de prolonger l'étude avec des sujets qui se sont récemment fait plaquer.

Bâille qui m'aille

L'HUMANITÉ peut être scindée en deux populations d'importance à peu près égale. D'une part les gens qui se mettent à bâiller quand ils voient quelqu'un d'autre le faire. Phénomène de contagion bien connu : un bon bâilleur en fait bâiller sept, édicte la sagesse populaire. D'autre part ceux qui restent de marbre face aux mâchoires les plus décrochées (rappelons que le bâillement est la cause la plus fréquente de luxation de la mâchoire).

Mais pourquoi donc appartenons-nous à une catégorie plutôt qu'à l'autre ? Une équipe dirigée par le psychologue Steven Platek, de la Drexel University de Philadelphie, pense tenir la réponse. Résumé lapidaire : les gens sociables sont sujets à la contagion, les autres non. Plus on est capable de se mettre dans la peau de l'autre, de ressentir son état d'esprit, plus on a de chances de l'accompagner dans son spasme. Bref, tout dépend de notre capacité d'empathie.

Dans la revue *Cognitive Brain Research* (vol. 17, p. 223-27), l'équipe explique qu'elle a projeté à des cobayes des vidéos de gens bâillant à tout-va. D'où formation de deux groupes en fonction des réactions à la séance. Puis tests psychologiques sur chacun des deux camps. Et enfin cette conclusion : si l'on reste impassible, c'est qu'on n'est pas très fortiche côté lien social. D'ailleurs, n'observe-t-on pas que les personnalités schizoïdes (donc peu portées sur l'empathie) ne bâillent que rarement ?

Cette étude a déjà cet intérêt de livrer une recette pour trier ses amis : bâille qui m'aille ! Il faudra l'utiliser avec circonspection. D'abord, on peut tomber sur des simulateurs. Ensuite, il est nécessaire d'interpréter les résultats en fonction du contexte. Un lieu de travail n'est pas idéal pour conduire le test. Les activités répétitives et monotones favorisent en effet l'apparition de bâillements répétés, comme l'ont montré des études chez des travailleurs postés. Gare alors aux « faux positifs » !

Les fins de soirées avinées ne sont pas formidables non plus. Le mieux, ça serait le matin au saut du lit. L'éveil semble être le moment privilégié de l'association bâillements / étirements, rapportent diverses études américaines. Hélas ! on n'a pas toujours avec la personne à évaluer une relation suffisamment étroite pour s'éveiller à ses côtés. Et si c'est effectivement le cas, il est peut-être un peu tard pour considérer la situation en termes d'empathie.

De toute manière, il ne sera pas nécessaire de fixer droit dans les yeux le sujet à « contaminer ». En 1989, le psychologue Robert Provine, de l'université du Maryland, a en effet établi que la contagion pouvait avoir lieu quel que soit l'angle existant entre le regard du bâilleur et celui du cobaye (« Les visages comme déclencheurs du bâillement contagieux », paru dans le *Bulletin of the Psychonomic Society*, vol. 27, p. 211-14).

Reste évidemment ce dernier cas de figure : votre partenaire bâille parce que vous l'ennuyez profondément. Il faudra alors changer soit de sujet de conversation, soit de partenaire.

L'affaire du lapin fluo

PENDANT près de deux ans, l'Art et la Science se sont disputé la garde d'une lapine vert fluo. L'affaire s'est terminée dramatiquement durant l'été 2002 avec la mort (naturelle) de l'animal. C'était une lapine albinos, baptisée Alba, qui présentait cette particularité de devenir fluorescente, dans un ton verdâtre, lorsque exposée à une lumière ultraviolette.

L'histoire avait commencé début 2000 lorsque l'artiste brésilien Eduardo Kac, enseignant à l'Art Institute of Chicago, avait repéré l'animal en visitant l'Inra (Institut national de la recherche agronomique). Alba faisait partie d'un lot de quelques lapins produits par le chercheur Louis-Marie Houdebine. Ce dernier avait introduit dans leur génome un gène codant pour une protéine fluorescente (gène provenant de la méduse *Aequorea victoria*). C'est ainsi que ces animaux devenaient luminescents comme des chemises blanches dans une boîte de nuit.

Les chercheurs ne produisent pas des animaux et des plantes fluo pour faire joli. C'est en tant que « biomarqueur » que la protéine fluorescente (GFP) est utilisée. On peut en effet recombiner le gène de la GFP avec celui d'une protéine que l'on cherche à étudier. Car la protéine chimérique résultante possédera des propriétés de fluorescence en plus de celles de la protéine étudiée. Elle sera donc facile à suivre.

Eduardo Kac, plus sensible au côté spectaculaire de la chose qu'à son utilité, demanda à Houdebine de lui confier un des lapins pour un projet artistique. Le généticien accepta, sans doute un peu vite. Car Kac se mit alors à tenir des discours singuliers sur l'art et la science. Il s'autoproclama « artiste transgénique ». Il déclara : « Ma lapine Alba est le pont entre José Bové et Raël. » Il assura que l'animal avait été créé en tant qu'œuvre d'art et revendiqua sa propriété. Houdebine s'inquiéta.

Le chercheur s'inquiéta d'autant plus que Kac commença à faire circuler des photos où l'on voyait la lapine entièrement et uniformément vert fluo, alors que dans la réalité la fluorescence s'exprimait inégalement sur son corps, et de manière moins vive. Houdebine décida de couper les ponts et de garder la gentille Alba. Mais Kac ne l'entendit pas de cette oreille.

Il ameuta le public, fit signer des pétitions pour la « libération d'Alba ». Car son projet artistique comprenait trois phases : la création du lapin, son « introduction au monde » (*via* des expositions) et son placement dans un « environnement aimant, sécurisant et nourricier » (le domicile de Kac). Ces deux dernières phases étaient très compromises. L'artiste argumenta : « Intégrant les leçons de la philosophie dialogique et de l'éthologie cognitive, l'art transgénique doit promouvoir la connaissance et le respect de la vie spirituelle de l'animal génétiquement modifié. » Car Kac est convaincu que « le lapin a une conscience ».

Bref, Louis-Marie Houdebine s'était fourré dans un nid d'embrouilles. Mais Alba eut le bon goût de mourir, et ainsi cessa un dialogue très infructueux entre l'Art et la Science.

Le silence endort

Pour les chercheurs en sciences sociales, le silence est un fascinant objet d'études. À preuve, cet article de pas moins de 33 pages que le *Journal of Management Studies* a publié en septembre 2003, et dont le titre semble ouvrir un nouvel horizon à l'humanité : « Conceptualiser le silence de l'employé en tant que construction multidimensionnelle » (vol. 40, n° 6, p. 1359-92). Il y a eu pas mal de boulot pour en arriver là.

Quand, dans une entreprise, un employé persiste à la fermer alors qu'on sollicite son avis, ses supérieurs ont tout intérêt à ouvrir grand leurs oreilles, préviennent les chercheurs Linn Van Dyne, Soon Ang et Isabel Botero. D'abord il ne faut pas se fier aux apparences : « Les comportements de mutisme et d'expression peuvent apparaître comme étant diamétralement opposés, puisque le silence implique de ne pas parler, tandis que parler amène à se prononcer sur des sujets importants dans l'organisation de l'entreprise. » Or pas du tout, parler et se taire c'est kif-kif quelque part : il existerait différents types de silences, comme il existe plusieurs types d'expressions orales. Nos chercheurs à l'ouïe fine identifient ainsi le « silence consentant », le « silence défensif » et le « silence prosocial ». Dans la suite de l'article, les auteurs naviguent vent arrière vers cette conclusion : « le silence étant souvent plus ambigu que la voix », il faut l'écouter plus attentivement. Quelques conseils sont donnés à cette fin.

Le physicien ne s'embarrasse pas de pareilles subtilités. Pour lui, le silence, c'est du silence, point barre. Mais ce point de vue un peu brutal est-il vraiment compatible avec la diversité des situations que nous sommes susceptibles de rencontrer dans la vie quotidienne, même hors entreprise ? Prenons un cas récent. Le 16 janvier 2004, une station de la BBC, Radio 3, s'apprête à retransmettre en direct une œuvre du compositeur américain John Cage. Celle-ci s'appelle *4 minutes 33* et consiste en 4 minutes et 33 secondes de silence total. Pour l'interpréter, tout l'orchestre symphonique de la BBC est réuni, car un silence de qualité réclame un personnel de qualité.

Après quelques répétitions, durant lesquelles les musiciens ont tourné soigneusement les pages de la partition en trois mouvements, sonne enfin l'heure de l'exécution et de la retransmission par Radio 3. Eh bien, les auditeurs ont bien failli ne rien entendre du tout, c'est-à-dire être privés de ce magnifique silence. La station Radio 3, comme beaucoup d'autres, dispose en effet d'un système de sécurité qui enclenche un programme de secours en cas de silence prolongé à l'antenne (rien de pire qu'un « blanc » qui s'éternise). Or l'électronique, cette idiote, est infoutue de faire la différence entre un silence artistique et un silence accidentel. Par contre, elle est capable de détecter le plus infime « blanc » — fût-il inférieur à un pouillième de seconde — et de l'anéantir *illico*. Alors, évidemment, 4 minutes et quelques de silence absolu, cela ne risquait pas de lui échapper.

Heureusement, quelqu'un à Radio 3 a pensé *in extremis* à débrancher ladite sécurité. Si bien que les auditeurs purent entendre absolument rien.

Haricot à blanc

Le XXIe siècle était à peine entamé que déjà la recherche scientifique se surpassait : elle inventait le haricot qui ne fait pas péter. Cette prouesse a été réalisée par deux équipes indépendantes, qui ont travaillé avec des techniques fort différentes.

Mais d'abord ce rappel. Les haricots contiennent certains composés (hydrates de carbone, fibres solubles, etc.) pas faciles à digérer, que les bactéries intestinales décomposent en bout de course en produisant des gaz. D'où les redoutables effets secondaires du cassoulet et autres plats riches en fayots. Comment se débarrasser de ces composés gênants ? En 2002, une équipe indienne du Centre de recherche atomique Bhabba annonçait dans la revue *Food Chemistry* (vol. 79, p. 293-301) être parvenue à « déminer » divers types de haricots en les exposant à de faibles doses de rayons gamma, puis en les laissant tremper dans l'eau froide pendant 2 jours. Le trempage des haricots est une méthode de grand-mère qui a fait ses preuves depuis des lustres. Mais l'irradiation gamma est plutôt une nouveauté. La méthode des chercheurs indiens marche assez bien sur certains types d'hydrates de carbone, comme les oligosaccharides.

L'autre équipe, vénézuélienne, ne devait pas avoir de source gamma sous la main, car elle s'est contentée de faire fermenter les haricots pendant 48 heures. Mais ça marche très bien aussi. Les chercheurs se sont aperçus que ce procédé éliminait presque totalement les fibres solubles et alpha-galactosides dans le haricot commun *(Phaseolus vulgaris)*. C'est sous le titre de « Effet de la fermentation naturelle et contrôlée sur les composés flatulo-producteurs des haricots » que les Vénézuéliens ont annoncé leur découverte en août 2003 dans le *Journal of the Science of Food & Agriculture* (vol. 83, p. 1004-09).

Les efforts conjugués de l'Inde et du Venezuela devraient permettre au consommateur de se gaver de haricots sans vrombir comme une *Ariane V* sur son pas de tir. Les producteurs de haricots sont bien contents, car il est établi que les effets secondaires du fayot réduisent sensiblement la demande. Le marché va pouvoir exploser dans un monde soudain plus silencieux. Cependant, il reste encore un peu de boulot. Quel genre d'étiquettes coller sur les boîtes pour « vendre » ces super-haricots, forcément un peu plus chers puisque nécessitant un traitement préalable ? « Haricots non flatulogènes » sonnerait un peu pharmaceutique. « Haricots qui ne font pas péter » ferait croire à l'ouverture inopinée d'un rayon « Farces et attrapes » au milieu du secteur alimentation. Les spécialistes du marketing vont devoir se gratter violemment la tête.

Pendant ce temps-là, les chercheurs pourront se consacrer à d'autres chantiers urgents. Nous serions en effet assez preneurs de la salade qui ne colle pas aux dents. Le soda qui ne fait pas roter (mais avec bulles, quand même) rendrait service à quelques amis. On rangerait tout ça dans le Frigidaire à côté de l'œuf dur en tube et du beurre frigotartinable, en se disant que la vie est vraiment formidable.

Approches scientifiques du golf

Certains rêvent d'envoyer l'Homme sur Mars, d'autres de découvrir de nouvelles espèces de mammifères. Mais il en est qui visent plus haut : améliorer les performances des golfeurs, y compris des plus pathétiques. Ceux-là, chercheurs de tous horizons, se réunissent tous les quatre ans à Saint Andrews (Écosse) pour présenter leurs travaux devant le « Congrès scientifique mondial du golf ». Ils en profitent pour taper quelques balles sur le plus ancien parcours de la planète.

La recherche golfique est un secteur extrêmement actif, comme l'ont bien établi Farrally *et al.* dans leur article « Golf science research at the beginning of the twenty-first century », publié par le *Journal of Sports Sciences* (vol. 21, n° 9, p. 753-65). Sont passées en revue les onze branches de la science golfique reconnues par le Congrès scientifique mondial — de l'écologie des parcours jusqu'aux problèmes orthopédiques des joueurs — ainsi que les 311 communications présentées à Saint Andrews depuis 1990. Il faut ajouter à cette somme les innombrables articles publiés par les revues scientifiques les plus diverses. Car, hormis les astrophysiciens peut-être, nombreux sont les chercheurs de toutes spécialités qui ont un point de vue sur ce sport surnaturel, surtout s'ils le pratiquent. Ce qui est en général le cas (1).

Une équipe d'agronomes coréens a jugé utile d'analyser la « Distribution spatiale du scarabée oriental *(Coleoptera : scarabaeidae)* sur les parcours de golf en Corée », dans le *Journal of Economic Entomology* (vol. 95, n° 1, p. 72-80). On attend maintenant la publication de leur guide des meilleurs parcours du pays. Des chercheurs japonais ont étudié les « Caractéristiques du somatotype du golfeur mâle au Japon », dans le *Journal of Sports Medicine and Physical Fitness* (vol. 43, n° 3, p. 334-41). Tout ça pour en conclure que le golfeur est plutôt musclé quand il est bon. L'inverse n'est pas toujours vrai.

Dans le *Journal of the History of Dentistry* (vol. 49, n° 3, p. 123-28), à signaler un excellent « Cary Middlecoff (1921-1998) : un golfeur d'exception dans l'art dentaire », signé par deux dentistes de l'université d'Indiana. « Bien que Cary affirmait devenir une "boule de nerfs" avant chaque compétition, il était connu pour gérer admirablement la pression », notent les auteurs.

Mais à Saint Andrews, le « 2002 Science in Golf Prize » est allé à une communication titrée : « Effet de la force musculaire et de la flexibilité sur la vitesse de la tête du club chez les golfeurs seniors », plus tard publiée par le *Journal of Sports Sciences*. L'auteur, un prof de gym de l'université du Kansas, y raconte être arrivé à allonger d'une dizaine de mètres le *drive* (coup de départ) de papys golfeurs, après leur avoir fait faire huit semaines d'exercice physique. Ce résultat a fait forte impression. Une fraction importante des 55 millions de golfeurs sévissant sur la planète seraient prêts à vendre leur âme et celle de leurs amis pour gagner quelques mètres au *drive*. Alors, pensez donc, dix d'un coup et sans changer de matériel. Et à cet âge-là, en plus. Depuis, l'auteur a reçu une offre pour enseigner en Californie, qu'il a immédiatement acceptée.

(1) Dès 1887, le physicien écossais Peter Guthrie Tait, ami du grand Maxwell et familier du parcours de Saint Andrews, se penchait sur l'aérodynamique de la balle de golf.

Les pompiers pyromanes

UN JEUNE chercheur canadien l'affirme et le démontre : les scientifiques qui étudient le réchauffement climatique contribuent de façon non négligeable… à réchauffer le climat. Ces gens-là réfléchissent-ils au point de s'en faire rougeoyer le crâne ? Non, le problème est qu'ils prennent beaucoup trop l'avion, s'alarme Lawrence Plug, de l'université de Dalhousie, à Halifax. C'est que le scientifique est un grand voyageur. Plusieurs fois par an, il lui faut aller assister à des conférences — ou en donner — dans des villes qui sont plus souvent Miami ou Hong Kong que Roubaix ou Villeurbanne. Ce n'est pas là la part la plus désagréable de son métier. Mais c'est assurément la plus nocive.

Chaque kilomètre parcouru en avion par un chercheur induit l'émission de 0,16 kilogramme de gaz carbonique (un des principaux gaz à effet de serre). Pour évaluer l'impact d'une grande réunion de scientifiques, Lawrence Plug a pris le cas de la conférence annuelle de l'Union géophysique américaine. Celle-ci réunit à San Francisco, chaque mois de décembre, pas moins de 10 000 chercheurs venus de toute la planète pour discuter de la santé du globe et de ses mystères, et puis faire un peu de tourisme pendant qu'on y est. Liste des participants en main, le jeune Canadien a calculé qu'un chercheur faisait en moyenne 8 000 kilomètres aller-retour pour assister à cet événement. Il n'y a plus qu'à multiplier, et voilà : la réunion californienne de l'Union géophysique est responsable de l'émission de près de 13 000 tonnes de gaz carbonique ! Une goutte d'eau dans les émissions mondiales (plus de 20 milliards de tonnes), mais voyez qui l'y met.

Lawrence Plug est venu, en 2003, présenter son calcul à San Francisco devant les chercheurs concernés, au risque d'aggraver la note carbonique et de casser l'ambiance. Il a déclaré se sentir coupable, notant que l'abondance des conférences scientifiques internationales tendait à booster le trafic aérien, donc à accroître l'effet de serre. Il a proposé que les organisations scientifiques consacrent chaque année une part de leurs ressources à la protection des forêts tropicales. Pour prix de l'absolution ?

Le Canadien a également souligné que si la réunion annuelle de l'Union géophysique se tenait à Denver (Colorado) plutôt qu'à San Francisco, le parcours moyen du participant serait moindre et les émissions de gaz carbonique réduites de 7,7 %. Sans compter que l'affluence risquerait d'être en baisse, la grande ville du Colorado n'ayant pas les charmes toniques du joyau de la Californie du Nord. Mais le plus efficace ne serait-il pas de regrouper tous ces spécialistes à San Francisco de manière permanente et définitive ?

Les inquiétudes de Lawrence Plug se comprennent

mieux lorsque l'on sait que ce chercheur est spécialisé dans l'étude du pergélisol (ou *permafrost*, sol qui reste gelé sur quelques mètres de profondeur, même en été). Le réchauffement du globe est en train de lui bouffer son sujet de recherche. Si ses collègues avaient l'amabilité de se déplacer un peu moins, il aurait peut-être le temps de terminer ses travaux avant que tout ait fondu.

Briser menu

Ne pas se laisser intimider par le nom de la revue : *Ciments, bétons, plâtres, chaux*. Ne pas se laisser décourager par le titre : « Vers un indice de broyabilité pour la presse à rouleaux ». Se dire que les articles pointus sur la broyabilité ne courent pas les rues et que, lorsqu'on a la chance d'en avoir un sous les yeux, il faut jouir de chaque mot.

Les ingénieurs Klymowsky et Liu, de la société allemande KHD Humboldt Wedag, se sont vu confier la délicate mission de trouver « un indice de broyabilité probant pour caractériser la relation entre l'énergie transmise par la presse à rouleaux à la matière et la réduction granulométrique obtenue ». Broyer, d'accord, mais pas n'importe comment. Tout dépend de la taille de ce que l'on veut obtenir à la sortie de la machine. Et ça se règle comment ? Eh bien, c'est précisément le sujet.

D'emblée les ingénieurs nous préviennent : « Cet indice doit se distinguer de l'indice de broyabilité de Bond et éliminer ainsi toute confusion susceptible de se produire lors d'une comparaison. » Cet avertissement intrigue. Si Bond s'est déjà cogné le boulot (qui n'a pas l'air folichon), pourquoi se donner la peine de le refaire ? La réponse surgit à la ligne suivante : « L'énergie employée par la presse à rouleaux n'est pas conforme à la troisième théorie de comminution de Bond, mais plutôt à celle de Rittinger sur la création de nouvelles surfaces. » Bien. Ou plutôt : ouh là là ! Laissons passer ce moment de panique et reprenons dans l'ordre. Comminution ? Cela signifie réduction de la dimension des fragments d'un solide, voire réduction en poudre si l'on fait très petit. Et il y a des théories là-dessus ? Oui, plein. Il faut savoir — et c'est le genre de choses que l'on n'oublie plus ensuite — que von Rittinger a proposé en 1867 la première théorie de la comminution. À savoir : l'énergie requise pour réduire la taille d'un matériau (en le broyant par exemple) est directement proportionnelle à la surface de ce matériau après transformation. Peter Ritter von Rittinger, mort à Vienne en 1872, a laissé le souvenir d'un homme capable et droit.

Puis, en 1885, vint Kick et une deuxième théorie du même genre, juste un peu différente. Enfin, longtemps après puisque c'était en 1952, Bond énonça cette fameuse troisième théorie de la comminution, celle dont *Ciments, bétons, plâtres, chaux* nous dit qu'il vaut mieux se méfier dans le problème qui nous occupe. Elle affirme la chose suivante : l'énergie nécessitée par la réduction de taille est proportionnelle à la racine carrée du rapport surface sur volume du matériau. Voyez la complexité de l'affaire.

Donc, oui, il était tentant de définir un tout nouvel

indice de broyabilité. À cette fin, Klymowsky et Liu ont enfourné dans leur presse toutes sortes de minerais et minéraux (bauxite, charbon, kimberlite, calcaire, etc.). Ils ont noté toutes sortes de chiffres dans le vacarme ambiant et observé que « malgré leur diversité, tous ces matériaux présentent des comportements similaires au broyage par presse à rouleaux ». La suite de l'histoire, parfois surprenante, se déploie entre les pages 438 et 447 du sixième numéro de la revue *Ciments, bétons, plâtres, chaux*. S'y plonger, c'est comme participer à une grande fête de la connaissance.

Le minet déminé

Problème : vous êtes allergiques aux chats (éternuements, nez qui coule, yeux rouges sont les symptômes courants de cette pathologie) mais vous ne pouvez pas vous passer de la compagnie de ces adorables bêtes. Solution : vous montez une entreprise dont l'unique objet sera de mettre au point le chat génétiquement modifié qui ne fait pas tousser ni se moucher. Vous disposerez ainsi du compagnon idéal et, de surcroît, vous pourrez en vendre quelques-uns à un bon prix.

C'est ainsi qu'en 2001 Jackie Avner et son mari David ont créé aux États-Unis la société Transgenic Pets, afin de développer, élever et commercialiser « *the world's first allergen-free cats* ». Ils se sont assuré le concours d'un éminent spécialiste des animaux transgéniques, le Dr Xiangzhong Yang, de l'université du Connecticut. Un contrat en bonne et due forme a été signé avec son laboratoire, puis les Avner sont partis à la chasse au capital-risque. Car produire le minet déminé est un peu coûteux : 2 millions de dollars.

La recette du matou hypoallergénique est d'une grande simplicité, au moins sur le papier. C'est une protéine sécrétée par la peau du chat (baptisé Fel d1) qui provoque les allergies. Il suffit donc de neutraliser le gène qui produit cette protéine pour rendre l'animal inoffensif. Cela se fait en deux temps. D'abord, avec des techniques classiques de recombinaison génétique, on introduit dans des cellules de peau des copies défectueuses du gène en question. Puis on insère ces cellules modifiées dans des cellules embryonnaires, et le reste repose sur des techniques de clonage. Ensuite, il n'y a plus qu'à laisser grandir les chatons, en espérant que la modification génétique se transmettra à leur descendance. Et voilà !

Donc les époux Avner sont partis en quête d'argent pour produire leur super-minet. La presse, apprenant la si jolie nouvelle, s'est mise à ronronner à l'unisson. Un nombre considérable d'articles ont été écrits. Les associations de défense des animaux ont poussé les cris de protestation de rigueur : était-il bien éthique de trafiquer des chats juste pour le confort de leurs maîtres ? Des scientifiques se sont interrogés. Nul ne savait en quoi la fameuse protéine était utile au chat. Si c'était un agent anti-bactérien, ne risquait-on pas de rendre le chat vulnérable ?

Puis, le matou miraculeux se fit oublier, car Transgenic Pets prévoyait au moins deux ou trois ans de travail avant d'en montrer la queue d'un. Fin 2003, on s'inquiéta de ne rien voir venir, et c'est au détour d'un site web que l'on apprit que le projet avait été purement et simplement abandonné. Raison officielle : les investisseurs s'étaient défilés. Le marché du chat était pourtant alléchant, selon les Avner. 10 % des gens sont allergiques aux minous, ce qui fait un paquet de clients potentiels. Mais qui était prêt à payer 1 000 dollars (prix affiché) pour un chat génétiquement modifié ?

Les gens estiment sans doute qu'il est plus simple — et guère plus coûteux — d'aller chez un allergologue suivre une cure de désensibilisation. Les chats doivent nourrir un sentiment similaire.

Dérapages contrôlés

« ALORS QUE le printemps va céder la place à l'été — alertait en mai 2003 un communiqué de l'université de Londres-Est adressé à l'ensemble de la presse scientifique européenne —, les femmes se retrouvent confrontées à l'éternel problème des bretelles de soutien-gorge qui glissent. »

Une telle entrée en matière ne laisse pas insensible. Primo, elle rappelle opportunément à une profession submergée par l'information que les saisons continuent de s'enchaîner inexorablement (selon toute probabilité, l'automne succédera à l'été cette année encore). Deuzio, elle attire l'attention sur un problème apparemment majeur — puisque susceptible de toucher une moitié de l'humanité — et qui semble ne pas avoir trouvé de solution satisfaisante à ce jour. Tertio, et c'est peut-être le plus important, la situation évoquée par le texte n'est pas immédiatement perçue comme étant un « problème », du moins par la fraction mâle des destinataires du message.

La suite du communiqué de l'université britannique éclaire vite ce dernier point. Une étude menée auprès de femmes âgées de 16 à 69 ans rapporte que 80 %

d'entre elles se plaignent bel et bien des bretelles qui glissent ou qui se voient. D'ailleurs, les trois quarts affirment être prêtes à payer un peu plus pour un sous-vêtement qui n'aurait pas cet inconvénient. La responsable de l'étude avoue avoir laissé de côté les avis des hommes consultés, au motif que ceux-ci n'avaient pas vraiment répondu à la question. Nous la citons : « Les hommes semblaient plus intéressés par les problèmes liés au dégrafage des soutiens-gorge que par ceux induits par leur port. »

Côté bretelles, il y a en tout cas une solution, et c'est là que l'université de Londres-Est voulait en venir. Elle annonce qu'avec l'appui du Thames Gateway Technology Centre, un de ses centres de soutien technique, une inventeuse londonienne a pu mettre au point un anti-dérapant pour soutiens-gorge. Mieux : cet objet baptisé StrapTrap (piège à bretelle) pourrait être « commercialisé dès Noël ». Pour cet été, donc, c'est foutu. Pourvu que l'hiver soit chaud. Le StrapTrap semble se résumer à un petit bout de mousse à glisser sous les épaulettes de la robe, pour autant qu'on puisse en juger d'après une mauvaise photo et une description évasive de la chose (problème de brevet ?). Notre expertise de la mécanique des soutiens-gorge, trop peu développée hélas, ne permet pas d'en dire plus.

Hilda Varley, l'inventeuse épaulée par le monde académique, rapporte avoir eu son eurêka en mars lors de la réunion inaugurale de l'East London Inventors Club, autre structure soutenue par l'université. Des échanges avec Trevor Baylis, inventeur du radioréveil, semblent avoir été déterminants dans la maturation des idées de Hilda. Le StrapTrap a été sélectionné pour concourir au British Female Inventor of the Year Award 2003. Il n'a pas remporté le trophée, le jury lui ayant finalement préféré une pelle ergonomique pour le nettoyage des écuries. En Angleterre, le cheval est roi.

L'art dentaire ment

L'UN DES grands défis posés à la science est de parvenir à réaliser ce que la sagesse et les dictons populaires tiennent pour improbable. Par exemple faire voler une andouille à motorisation autonome sur une distance d'au moins 1 000 mètres. Bien que gratifiant sur un plan intellectuel, ce type d'exploit peut avoir des conséquences fâcheuses. Ainsi, dans l'exemple cité, une surabondance de chefs d'escadrille.

C'est pourquoi l'annonce, faite en juin 2003 par une équipe de l'École normale supérieure de Lyon, qu'on avait réussi à faire pousser une dent à une poule suscite des craintes légitimes. Une série difficilement quantifiable de demandes idiotes (augmentation de salaires, prêt ou cession gratuite de divers objets de valeur, etc.), qui s'étaient vu opposer hier une fin de non-recevoir exprimée en termes imagés, doivent aujourd'hui être réévaluées, sinon satisfaites.

Grâce à des souris, les poules ont des dents. Dans l'expérience lyonnaise, un embryon de rongeur a fourni des « cellules souches » dentaires à un embryon de poulet. Ce dernier s'est retrouvé doté d'une incisive (et aussi privé de bec). Il n'a pas survécu mais le mal est fait. Il s'agirait d'un retour aux sources. « Il y a plusieurs millions d'années, les oiseaux étaient dotés de dentition, mais il semble que certains gènes liés à la formation dentaire aient progressivement disparu au cours de l'évolution », a expliqué le Dr Efthimios Mitsiadis, responsable de l'étude. Les ancêtres des poules avaient des dents. L'eussions-nous su que nous aurions été plus prudents.

L'équipe du Dr Mitsiadis fait valoir que sa prouesse ouvre la voie à une « révolution des soins dentaires ». On pourrait faire pousser des quenottes à des patients souffrant de graves anomalies dentaires. C'est une piètre consolation. C'est même une promesse dont on peut douter qu'elle soit jamais tenue. Toutefois, la prudence incite désormais à ne pas fixer de terme concret à sa réalisation, ni à quoi que ce soit d'ailleurs.

Dès septembre 2002, l'inquiétude commençait à gagner : des chercheurs américains de l'Institut Forsyth, à Boston, parvenaient à faire pousser des dents de porc à l'intérieur d'intestins de rat, à partir de cellules dentaires prélevées sur des porcelets. Expérience originale, et surtout preuve que la recherche pouvait faire n'importe quoi. Demain, sans doute des molaires pousseraient dans l'anus des zèbres et, pourquoi pas, les poulets afficheraient un sourire Colgate. Cela a donc fini par devenir possible (pour les zèbres, on ne sait pas et rien ne presse).

Et maintenant quoi ? Les archivistes du Vatican vont-ils faire surgir des caves papales quelque parchemin prouvant l'existence de saint Glinglin, mort à Brest après une vie de débauche expiée *in extremis* ? Jérôme Glinglin fut un brave homme, bien que très porté sur la boisson. Une pute au grand cœur le remit sur le droit chemin. Il passa le reste de sa vie à irradier le Finistère-Nord de sa bonté. Bientôt dans tous les calendriers.

Attention chômeurs

LE CHÔMAGE est « contagieux ». Ce sont trois chercheurs suédois qui l'ont découvert. Non pas que ceux-ci aient perdu leur emploi après avoir fréquenté des chômeurs d'un peu trop près, et sans protection. Mais ils ont réussi à établir cette loi : la durée du chômage d'une personne donnée dépend du nombre de chômeurs que cette personne fréquente. C'est beau comme une loi de la physique, il n'y manque qu'une constante fondamentale.

L'équipe travaillant pour l'IFAU (Institut d'évaluation des politiques pour le marché de l'emploi, dépendant du ministère suédois de l'Industrie) s'est penchée sur le cas des jeunes de 20 à 24 ans ayant vécu dans la région de Stockholm dans les années 1990. Population intéressante car, dans cette classe d'âge, un individu sur deux environ a connu au moins une période de chômage. Nos économistes et sociologues ont lâché sur cette plaine fertile un troupeau d'équations. Lesquelles ont ramené un chiffre bien rond : 25 %. Comprendre : un jeune habitant dans un quartier avec un taux de chômage élevé connaît des périodes de non-emploi d'une durée supérieure de 25 % à celle d'un jeune de même profil (âge, sexe, éducation) mais vivant dans un voisinage au taux de chômage bas. Il y a donc une contagion du chômage, CQFD.

D'accord, mais pourquoi ? En langage d'économistes, l'étude suppute que « le développement du chômage dans un groupe réduit pour chaque élément de ce groupe le coût psychologique et social de se trouver sans emploi ». En termes plus prosaïques, ceux d'un jeune chômeur débriefé par un sociologue de l'IFAU : « Quand il fait beau, c'est super de ne pas aller au boulot : avec les copains au chômage, on peut sortir jouer au foot. »

Les auteurs — Peter Hedström (université d'Oxford), Ann-Sofie Kolm (université d'Uppsala) et Yvonne Aberg (université de Stockholm) — en concluent que les interactions sociales de voisinage ont un effet sensible sur les données du chômage, dont les politiques pour l'emploi devraient impérativement tenir compte. Hélas nos chercheurs ne vont pas jusqu'à dire comment. Faut-il interdire aux chômeurs de jouer au foot ? Doit-on obliger les sans-emploi à déménager vers les quartiers riches ? Ne pourrait-on craindre alors une pratique excessive du golf ? Serait-il opportun de renforcer le sentiment de culpabilité chez le chômeur, et de quelle manière ?

En l'absence de réponses claires, on ne peut pour l'instant que laisser les chômeurs se contaminer entre eux dans les banlieues de Stockholm et d'ailleurs, en espérant que l'absence de cordon sanitaire ne se traduira pas par une flambée épidémique. Pour leur part, les auteurs se réjouissent en tout cas d'avoir « contribué à rapprocher la tradition sociologique, centrée sur les interactions sociales, et la tradition économique, qui applique sa rigueur aux liens micro-macro ». Et n'était-ce pas là l'essentiel ?

Cette étude n'a pas été publiée, mais a été présentée en tant que *working paper* (document de travail) en 2003 aux rencontres annuelles de l'Association américaine de sociologie.

Sciences de la pin-up

Si beaucoup de chercheurs ont le nez plongé dans *Playboy*, ce n'est pas seulement pour combattre leurs frustrations sexuelles. Il s'agit d'étudier scientifiquement l'idéal féminin que les *playmates* sont censées incarner. Des travaux sérieux que l'on fait calculette en main, en évitant de baver sur le papier glacé.

Le sommet de la pin-upologie semble avoir été atteint par Martin Voracek, chercheur au département de psychanalyse de l'université de Vienne (Autriche). Assisté d'une étudiante, Maryanne Fisher, cet homme a dépouillé les 577 numéros de *Playboy* parus entre décembre 1953 et décembre 2001 afin de relever les mensurations des jolies *centrefold models*, alias les filles à poil de la double page centrale. Voracek a pu en conclure, dans le *British Medical Journal* (vol. 325, p. 1447-48), que l'index de masse corporelle (poids divisé par le carré de la hauteur) des modèles n'a cessé de baisser durant le dernier demi-siècle, tandis que leur rapport tour de taille sur tour de hanche devenait assez proche de la normale. Traduction brutale : les filles qui excitent les hommes sont passées du format sablier (disons Marilyn Monroe) au format longue brindille, plutôt androgyne.

Quelques mois auparavant, deux chercheurs canadiens, Peter Katzmarzyk et Caroline Davis, avaient déjà tiré la sonnette d'alarme dans l'*International Journal of Obesity* (vol. 25, nº 4, p. 590-92). Sous le titre de « Minceur et forme corporelle des modèles *Playboy* de 1978 à 1998 », ils soulignaient que les *playmates* des temps modernes étaient sept fois sur dix d'une maigreur quasi pathologique, du moins si l'on prenait pour argent comptant les mensurations indiquées dans le journal. Or il semble qu'il faille se méfier de ces chiffres. Dans le *South African Medical Journal* (vol. 86, nº 7, p. 838-39), le chercheur Christopher Paul Szabo a noté que si ses mensurations données par *Playboy* amenaient à conclure (après calcul de l'index de masse corporelle) que 72 % des *playmates* étaient sous-alimentées, une « inspection visuelle » des modèles prouvait que cela n'était « clairement » pas le cas. Les chiffres sont bidons, regardez donc les nichons.

Du coup, elle semble bien hasardeuse, cette littérature scientifique basée sur la plastique « officielle » de la *playmate* (on pourrait citer encore une demi-douzaine d'articles de ce genre parus dans d'excellentes revues). Un chercheur rigoureux ne devrait-il pas aller relever lui-même les mensurations des jeunes filles concernées ? Ces dernières seraient heureuses d'offrir leur corps à la science, après l'avoir offert à la lubricité masculine. Les chiffres seraient irréprochables, et on pourrait en profiter pour faire des études complémentaires sur la femme idéale. C'est à vous tout ça ? Et on peut toucher ?

Mais c'est bien le problème avec les chercheurs aujourd'hui : ils passent leur temps dans les labos à feuilleter des revues cochonnes au lieu de se confronter au terrain.

Balance toujours

LE 9 AVRIL 2002, le Bureau américain des brevets (US Patent Office) a délivré le brevet n° 6. 368. 227 à Steven Olson, citoyen des États-Unis âgé de 5 ans, pour une nouvelle « Méthode pour se balancer sur une balançoire ».

L'usage classique de la balançoire consiste à se balancer d'avant en arrière grâce à un mouvement alternatif des jambes, ou bien — variante courante — à entortiller sur elles-mêmes les cordes soutenant l'engin afin de les laisser ensuite se dérouler naturellement (d'où une délicieuse sensation de tournis pour l'utilisateur). « Ces méthodes, bien que d'un intérêt considérable pour certaines personnes, peuvent perdre de leur attrait avec l'âge et l'expérience. C'est pourquoi une nouvelle méthode pour se balancer sur une balançoire pourrait constituer un progrès significatif », argumente le jeune Steven dans le préambule de son brevet.

Il propose donc la procédure suivante, en deux étapes : a) s'asseoir sur le siège de la balançoire, b) tirer alternativement sur la corde de gauche et la corde de droite. Le résultat est un balancement latéral, qui présente deux avantages. « Premièrement, on peut initier ce mouvement sans avoir besoin d'une aide extérieure, ni avoir à mettre les pieds par terre. Cela permet aux plus jeunes utilisateurs de se balancer joyeusement en toute indépendance, ce qui est d'un grand profit pour tout le monde. » Deuxièmement, « on peut introduire dans le mouvement de balancement latéral une légère composante avant/arrière, ce qui a généralement pour effet de donner à la trajectoire une forme ovale, comme le montre la figure 3 [que nous ne pouvons pas reproduire ici] ». Des licences sont disponibles sur demande auprès de l'inventeur, est-il précisé à la fin du document.

Steven semble avoir été un peu aidé par son père, Peter, dans la rédaction de sa demande de brevet. Peter Olson est en effet un avocat spécialisé dans la propriété intellectuelle. Celui-ci avait promis à son fils que le jour où il inventerait quelque chose, le Bureau des brevets serait dûment saisi. Ce qui fut fait dès le 17 novembre 2000. Mais les autorités objectèrent que des brevets antérieurs couvraient ce genre d'innovation. Peter Olson fit appel, soulignant qu'aucun de ces documents ne mentionnait un usage latéral de la balançoire. Il eut finalement gain de cause en 2002.

Ce genre de facéties n'est pas rare. Cela prend même parfois un tour plus spectaculaire. C'est ainsi qu'en 2001 un autre spécialiste de la propriété intellectuelle, John Keogh, s'est vu délivrer en Australie un brevet pour un « Système circulaire de facilitation des transports ». Keogh avait réussi à faire breveter la roue ! Ce n'est pas que les Australiens soient plus bêtes que les autres, ou moins bien informés. C'est juste qu'en 2001 leur pays venait d'adopter un nouveau système de brevetage, plus simple et plus rapide, pour faciliter les démarches des petites entreprises. Apparemment, la procédure était un peu lacunaire.

Assiette anglaise

À L'AUTOMNE 2003, trois équipes de chercheurs britanniques se sont défiées dans une compétition dont le seul enjeu, semble-t-il, était de nourrir cet ouvrage. Finalement, leurs travaux respectifs, publiés simultanément début octobre, méritent tous d'être distingués. La première équipe, de l'université de Bristol, est parvenue à démontrer que le *cheddar* (un fromage de là-bas) devait être coupé en tranches de 2,8 millimètres d'épaisseur pour exprimer son goût de manière optimale dans un sandwich. Pour le *stilton* bleu, c'est 3 millimètres tout rond. Le British Cheese Council, qui a financé l'étude, a dû trouver le résultat un peu mince. Mais le directeur de l'équipe, le physicien Len Fisher, est du genre économe : il était déjà connu pour s'être demandé quel type de pain était idéal pour saucer une assiette. Le Dr Fisher est par ailleurs l'auteur d'une remarquable communication sur les phénomènes complexes qui se produisent lorsque l'on trempe un biscuit dans une tasse de thé.

La deuxième équipe, réunissant les universités de Leicester et du Surrey, a prouvé que les clients des restaurants chic étaient plus enclins à la dépense (bonnes bouteilles, desserts superflus) quand on leur faisait écouter de la musique classique pendant le repas. En tout cas, plus que quand on leur passait de la musique pop ou pas de musique du tout. Les chercheurs l'ont établi grâce à une expérience menée 18 jours durant dans un restaurant qui, chaque soir, proposait un programme musical différent. Le psychologue Adrian North, qui a dirigé l'étude, explique ce résultat de la manière suivante : la musique classique donnerait aux gens le sentiment d'être cultivés. Ce sentiment les pousserait à acheter des produits qu'ils considèrent comme luxueux. Le Music Research Group de l'université de Leicester avait naguère constaté qu'une vache branchée sur la *Symphonie pastorale* de Beethoven produisait chaque jour 0,73 litre de lait de plus qu'une congénère soumise au *Back in the USSR* des Beatles (lire par ailleurs, p. 25).

Enfin, la troisième équipe, de l'université de Loughborough, est parvenue à expliquer aux fabricants de biscuits pourquoi leurs produits arrivaient trop souvent en miettes dans les rayons. Ce n'est pas un problème de manutention, mais d'humidité pendant la cuisson. Grâce à une technique d'interférométrie laser, l'équipe du chercheur Qasim Saleem a pu observer que lorsque le biscuit refroidit, l'humidité qui se dépose sur les bords provoque une dilatation, tandis que l'humidité au centre entraîne une contraction. Ces forces contraires menacent bien évidemment l'intégrité du biscuit. Des fissures apparaissent, des mauvaises surprises se préparent. Tout cela est fort bien expliqué dans la revue *Measurement Science and Technology* (vol. 14, p. 2027-33) sous le titre : « Une nouvelle application de l'interférométrie de speckle pour la mesure des distributions de contraintes dans les biscuits ».

Merci et bravo à tous !

Comme au cinéma

En 1999, deux neurologues belges se plongeaient dans *Blanche-Neige et les Sept Nains*, le film de Disney, et en revenaient avec ce diagnostic : le personnage de Simplet souffre d'un syndrome d'Angelman — ou « syndrome du pantin heureux » — dont un des symptômes est l'épilepsie. Cette découverte, publiée dans la revue *Seizure* (vol. 8, p. 238-40), était d'autant plus singulière que ledit syndrome n'a été identifié (et baptisé) par le Dr Harry Angelman qu'en 1965, soit 28 ans après la sortie du film de Disney. Le cinéma avait un bon train d'avance. Comme quoi la neurologie a bien raison de s'intéresser au grand écran. D'ailleurs, elle s'y intéresse beaucoup. Mais la pêche est rarement aussi bonne. Toujours en 1999, paraissait une autre étude — « La représentation des crises épileptiques au cinéma », in la revue *Epilepsia* (vol. 40, p. 1163-67) — dans laquelle la famille Kerson (père neurologue, mère sociologue et fille étudiante) analysait une vingtaine de films en langue anglaise où l'on peut voir des personnages subir des crises d'épilepsie ou des attaques similaires. Conclusion des Kerson : la représentation à l'écran de cette pathologie est rarement réaliste, les crises étant surtout utilisées comme des ressorts dramatiques bien pratiques. La plupart des gens ne connaissant de l'épilepsie que ce qu'ils en voient au cinéma, il est probable qu'ils s'en font une idée fausse. Voici donc une nouvelle raison pour les neurologues de fréquenter les salles obscures : veiller au grain.

En 2003, le Dr Sallie Baxendale, de l'Institute of Neurology de Londres, mettait la barre encore plus haut en passant 75 ans de production cinématographique mondiale au crible de l'épilepsie. Elle a pu ainsi identifier 62 films où la maladie joue un rôle (*Mean Streets*, *1900*, *La Variété Andromède*, *L'Exorciste*, etc.). La chercheuse a décortiqué les scènes de crise pour en tirer la matière d'un long article, « L'épilepsie au cinéma : de la possession jusqu'à l'assassinat du président », paru dans la revue *The Lancet Neurology* (vol. 2, p. 764-70). Selon la neurologue britannique, le cinéma tendrait à privilégier la forme la plus spectaculaire d'attaque : la crise tonicoclonique généralisée, ou « grand mal », avec convulsions et perte de connaissance. Plus de la moitié des œuvres mettent en scène ce type de crises, ce qui est à peu près « raccord » avec la réalité puisque 60 % des épileptiques y sont sujets.

Viennent ensuite d'inattendues considérations par genres cinématographiques, types de personnages, biais culturels, etc. De tout cela, il ressort que la représentation de l'épilepsie à l'écran laisse à désirer la plupart du temps, comme la famille Kerson l'avait déjà noté.

Sallie Baxendale estime que « garder un œil attentif sur le cinéma peut aider à comprendre, voire à combattre les stéréotypes et mythes qui continuent d'entourer l'épilepsie ». Mais la neurologue admet que « ce n'est pas aux professions médicales de dicter ou de censurer le contenu des films ». Elle concède par ailleurs que, « quel que soit le talent de l'acteur, une crise tonico-clonique est presque impossible à rendre de manière réaliste ». Enfin, le Dr Baxendale reconnaît que la télévision est sans doute plus influente que le cinéma dans la formation des stéréotypes. Les spectateurs de la série *Urgences* auront d'ailleurs noté qu'en sus d'une palanquée de patients, les docteurs Green, Weaver et Carter ont eux-mêmes été sujets à une crise de type épileptique dans un épisode ou dans un autre. Excès de pression dans les professions médicales, ou crise du scénario ?

Chat m'embête un peu

Le chat est le meilleur ami de l'écrivain, tant qu'il s'abstient de trottiner sur le clavier de l'ordinateur. Le passage du chat sur les touches a pour effet de générer un texte parasite, que les anglophones appellent synthétiquement *cat typing*. Pour un passage de droite à gauche, cela donne : « ;;;yhtc vvvz<w ». Ou de gauche à droite : « azzs vfujil;=m » — tests réalisés avec un vrai chat, moyennement consentant. L'embêtant est que ces entrées de texte se produisent généralement en l'absence de l'esclave du chat, parti boire ou vider sa vessie.

Aussi les écrivains et autres utilisateurs de PC se réjouiront-ils d'apprendre qu'un inventeur américain a conçu un logiciel capable de détecter et de bloquer quasi instantanément le *cat typing*. Ce programme, baptisé PawSense, vaut 20 dollars. Mais les vaut-il vraiment ? Sauf cas d'extrême confusion mentale, ou de littérature très expérimentale, le *cat typing* se repère assez aisément à la relecture. C'est pourquoi Chris Niswander, auteur de PawSense, avance un argument supplémentaire : les patounes du chat auraient une singulière aptitude à trouver les combinaisons de touches qui plantent l'ordinateur. Au risque de faire perdre tout le texte intelligible tapé depuis la dernière sauvegarde. Et puis le logiciel a aussi une fonction éducative : dès qu'il repère du *cat typing*, il active une alarme sonore très désagréable. Cela dégoûte rapidement le chat des claviers, paraît-il. Enfin, en cas d'alerte au chat, l'écran du PC affiche en grosses lettres capitales le message « CAT-LIKE TYPING DETECTED », ce qui donne à l'utilisateur le sentiment gratifiant d'être aux commandes d'une centrale nucléaire dans un film de série B.

PawSense veille en analysant la dynamique des touches et leurs combinaisons. L'humain et le félin ont des façons très différentes d'actionner un clavier. L'informatique est capable de les reconnaître, « dès la première ou la deuxième foulée du chat ». Un cas cependant doit affoler l'ordinateur : comment distinguer le chat vautré sur le clavier de l'écrivain effondré sur son œuvre ? Ils ont des « signatures » clavières identiques : un gros paquet de touches enfoncées simultanément et durablement. Dans le fond, peu importe : le signal d'alarme fera fuir l'un, ou réveillera l'autre.

L'autre meilleur ennemi de l'écrivain est le bébé, pour des raisons similaires (plus quelques autres). C'est pourquoi Chris Niswander travaille à un BabySense. En attendant, l'inventeur conseille de tester PawSense avec la progéniture. Il se pourrait que ça marche aussi. Le bébé qui tape franchement, avec les mains bien à plat — à la manière du regretté Thelonious Monk, pianiste inventif —, a des chances de passer pour un chat. Les autres, qui tapent avec deux doigts comme papa, sont irrécupérables pour l'instant. Autant les tenir éloignés de l'œuvre en chantier.

Ainsi débarrassé des chats et des bébés, l'écrivain pourra se remettre au travail, hélas !

Minority report

La jeune économiste Maureen Paul, de l'université de Warwick (Grande-Bretagne), a fait une grande découverte. Nous citons : « Accroître la rémunération des femmes est de peu d'utilité. » Elle est venue le dire devant la Royal Economic Society lors de sa conférence annuelle, en avril 2003. C'est ce qui s'appelle marquer un but contre son camp en finale de championnat.

Comment Maureen Paul est-elle arrivée à pareille conclusion ? Et de quand date sa dernière augmentation ? La chercheuse en économie s'est plongée dans une forêt de données sociales pour effectuer une « Analyse transversale de la perception de l'équité des rémunérations chez les employés britanniques » (c'est le titre de son article). Comprendre : les gens s'estiment-ils correctement payés ? Maureen Paul s'est particulièrement intéressée aux « minorités », les femmes et les « gens de couleur ». Première surprise : plus souvent que les hommes, les femmes ont le sentiment d'être bien rémunérées (contre toute évidence). Or, souligne l'économiste, il y a une relation directe entre sentiment d'équité salariale et productivité. C'est-à-dire que moins on se sent sous-payé, moins on a tendance à glander. Vu ce qui précède, on en déduit que les femmes ne sont pas du genre à se tourner les pouces. Donc augmenter les femmes ne servirait à rien en termes de productivité. CQFD.

Deuxième constatation : les « gens de couleur », toujours soupçonneux de pratiques discriminatoires, s'estiment mal payés même quand ils sont correctement rétribués. Donc, eux non plus, ça ne sert à rien de les augmenter, ils glanderont de toute façon. Notons au passage que notre économiste n'est pas seulement femme, elle est aussi « de couleur ». Elle vient de flanquer un deuxième ballon dans ses cages.

Mais Maureen Paul a une troisième qualité : elle est astucieuse. Notre chercheuse n'est pas naïve au point de croire qu'un article de sciences éco, si brillant soit-il, peut convaincre les patrons d'augmenter leurs troupes. Par contre, elle sait que la recherche économique est parfois susceptible d'influer sur les politiques sociales des entreprises, si celles-ci y voient leur intérêt. C'est le coin que Maureen Paul va enfoncer. Ainsi son papier, dont on a donné ici un résumé un brin rapide quoique fidèle sur le fond, se prolonge-t-il par deux raisonnements imparables.

Comment augmenter la productivité des employés « non blancs » ? Maureen Paul déduit de ses observations que, mieux considérés, les intéressés auront moins le sentiment de subir une discrimination salariale, donc ils travailleront plus. Donc, au nom même de la rentabilité, il est nécessaire de combattre le racisme au sein des entreprises.

Les femmes ? On a vu qu'elles bossent dur. Alors les employeurs ont tout intérêt à accroître leur effectif féminin, conclut Maureen Paul. Finalement, après un dribble subtil, cette fille a peut-être réussi à marquer deux buts au camp d'en face.

Infarctus du Mondial

SI ZIDANE et ses copains voulaient bien se donner la peine de disputer davantage de finales de Coupe du monde (et les gagner, tant qu'à faire), il y aurait en France moins de décès par crise cardiaque. On tient cette information de la revue *Heart* (vol. 89, p. 555-56), dans laquelle deux épidémiologistes français ont publié en 2003 une courte communication au titre fleuve : « Lower myocardial infarction mortality in French men the day France won the 1998 World Cup of football ».

Frédéric Berthier et Fabrice Boulay y constatent que le dimanche 12 juillet 1998, date chère à nos cœurs, le nombre de crises cardiaques mortelles a baissé de façon singulière. Ce jour-là, seuls 23 de nos concitoyens mâles sont tombés raides, le palpitant en rideau. Alors que les cinq jours précédant le match, et les cinq jours suivants, la moyenne était de 33. Nos amis brésiliens y trouveront peut-être une consolation : leur défaite a sauvé 10 vies en France (au Brésil, on ne sait pas), presque assez pour former une nouvelle équipe de France. D'ailleurs, pourquoi pas ?

Il apparaît toutefois que ce n'est pas tant la victoire française qui a réchauffé les cœurs défaillants, que la simple perspective qu'elle puisse se produire. En effet, les cardiaques semblent s'être abstenus de claquer plusieurs heures avant que le match ne commence. Comme si on ne voulait pas mourir avant d'avoir vu ça. Cette explication n'est pas très scientifique, on en conviendra.

Les deux auteurs, eux, sont perplexes. « D'un côté, le stress émotionnel, la consommation de tabac et d'alcool [qu'induit généralement la retransmission télévisée d'un match important, NdlA] sont susceptibles d'accroître la mortalité par infarctus. Mais de l'autre, l'immense ferveur et l'euphorie collective observées au moment de la victoire peuvent faire décroître cette mortalité. » Face aux données qu'ils ont recueillies, nos épidémiologistes sont bien obligés de formuler l'hypothèse qu'un événement sportif exceptionnel fait finalement plus de bien que de mal.

Jusqu'à présent, on pensait plutôt le contraire. Le jour où l'Angleterre et l'Argentine se sont rencontrées, toujours pendant le Mondial 1998, les services de cardiologie ont été pris d'assaut outre-Manche. Il est vrai que les Anglais ont perdu, et que des tirs au but ont été nécessaires pour départager les deux prétendants à la souveraineté sur les îles Malouines. En 2002, dans la revue *Epidemiology* (vol. 13, n° 4, p. 491-92), des chercheurs néerlandais penchaient, eux, pour un match nul, concluant qu'il n'y avait aucune relation entre mortalité cardio-vasculaire et grands matchs de football. Bref, la science n'est sûre de rien.

Le bon sens nous laisse penser que l'issue des

matchs a une forte incidence sur le nombre d'infarctus fatals dans les pays concernés. Pour en avoir le cœur net, il faudrait rejouer le France-Brésil de 1998 en se débrouillant pour perdre, ce qui ne devrait plus être trop difficile.

L'amour au labo

LES GRANDS scientifiques, comme les grands criminels, connaissent leur pic de productivité vers l'âge de 30 ans. Ensuite, ça se dégrade rapidement. C'est à Satoshi Kanazawa (40 ans), chercheur à la London School of Economics and Political Science, que l'on doit cette découverte et cette analogie. Tout ça est expliqué par le menu dans le *Journal of Research in Personality* (vol. 37, nº 4, p. 257-72), sous le titre prometteur de « Pourquoi la productivité diminue avec l'âge : la connexion crime-génie ».

Le plus intéressant dans cette communication n'est pas le résultat qu'elle relate (on le subodorait) mais le parallèle qu'elle établit. Kanazawa déroule un argument séduisant : braquer des banques et publier dans de grandes revues scientifiques seraient deux façons d'attirer l'attention des filles. Il y a de l'émulation, de la compétition, donc on essaie de produire des belles choses. Après 30 ans, on se marie, on fait des enfants. Bref, on n'est plus sur le marché et ça fait passer l'envie de frimer. La qualité des papiers s'en ressent, la fréquence des casses aussi. CQFD.

Bizarrement, Kanazawa s'en tient là, alors qu'il était

sur le point d'aider la science à faire un bond de géant. Continuons à sa place. Comment doper ces cerveaux raplapla, désormais plus à l'aise dans des charentaises que devant une équation de Schrödinger ? C'est simple : il faut envoyer dans les labos des bataillons de jolies filles (nous envisagerions volontiers le cas symétrique, mais l'étude de Kanazawa n'a porté que sur les scientifiques mâles et hétérosexuels, semble-t-il). Bien, mais qui dit que ces messieurs se laisseront tenter par une aventure ? Les épistémologues le disent, ou plutôt le laissent à penser. Ils ont noté que les grands scientifiques sont aussi de grands transgressifs (c'est un autre trait qu'ils partagent avec les criminels). Une entorse à la fidélité ne devrait donc pas leur faire peur.

Alors ces amourettes de laboratoire seraient susceptibles de faire pleuvoir les prix Nobel ? Eh bien oui : on connaît quelques stars de la science dont la vie conjugale ne fut pas un long fleuve tranquille, et qui ont produit leurs meilleurs travaux après la cinquantaine. Par ailleurs — on change ici de secteur —, comment expliquez-vous le fait que la presse généraliste soit bien meilleure en été ? C'est dû, croit-on savoir, à la présence dans les rédactions d'avenant(e)s stagiaires durant ces mois torrides. Ils (elles) apportent ainsi une double contribution à la qualité du journal.

Il est donc scientifiquement établi — par Kanazawa, avec un modeste coup de main de quelques journalistes — que les relations extra-conjugales améliorent le contenu tant de la presse savante que de la presse quotidienne. Resterait à analyser le cas des publications intermédiaires. Peu probable cependant que des aventures, même torrides, puissent en quoi que ce soit faire de *La Vie du rail* un (encore) meilleur journal.

Enfin, il faudrait considérer les choses d'un point de vue moral. La place manque.

Un projet parti en fumée

Les journaux scientifiques sont remplis d'articles de gens qui se félicitent d'avoir découvert ceci ou cela, réussi cela ou ceci. Beaucoup plus rares sont les communications de chercheurs avouant s'être trompés. Nous avons essayé de transférer le gène WXF de la truite des Causses sur le canard bleu de Haute-Garonne, et nous n'avons réussi qu'à détruire la moitié du labo, après que Roger a éternué dans le spectromètre de masse. On sent bien que ce type de communication n'a aucune chance de séduire le comité de lecture de l'*European Journal of Hazardous Experimental Biology*, ce qui est bien dommage : il y a souvent des leçons intéressantes à tirer d'un échec, pour peu que celui-ci soit correctement documenté.

Aussi est-il remarquable que la revue *Artificial Intelligence* ait accepté, en mars 2003 (vol. 144, p. 41-58), de publier un article de pas moins de 18 pages, dans lequel des chercheurs écossais racontent par le menu leur défaite en rase campagne. Ehud Reiter et ses collègues de l'université d'Aberdeen étaient animés d'un bon sentiment : ils voulaient aider les fumeurs à décrocher. À cette fin, ils ont conçu un programme astucieux, sophistiqué et inefficace, bien que répondant au nom prometteur de STOP (Smoking Termination with cOmputerised Personalisation). Ce logiciel est capable de rédiger automatiquement des lettres personnalisées afin d'inciter leur destinataire à écraser leur clope.

Au préalable, 2 553 volontaires avaient accepté de remplir un questionnaire de 4 pages sur leur vie, leur addiction et pas mal d'autres choses, et c'est à partir de cette matière que le programme a pu tailler des bafouilles sur mesure, genre : « John, vous qui avez cinq enfants en bas âge et souffrez d'un asthme sévère, est-il bien raisonnable de… », etc.

Résultat : 89 des 2 553 cobayes ont arrêté de fumer. Pas énorme mais, en ce domaine, un taux de réussite de 3,5 % est déjà appréciable. Hélas ! une analyse détaillée des résultats a révélé une mauvaise surprise : la majorité de ceux qui ont arrêté de fumer (59 sur les 89) soit n'avait pas reçu de lettre du tout, soit avait reçu un courrier non personnalisé. En bousculant un brin l'orthodoxie statistique, on peut en conclure que le fait de recevoir une lettre personnalisée diminuait pour son destinataire les chances de décrocher. C'est-à-dire que l'expérience écossaise non seulement a été un bide, mais elle s'est aussi révélée contre-productive.

Même un béotien voit bien la leçon à tirer de cet échec : l'équipe d'informaticiens d'Aberdeen aurait dû s'adjoindre les services d'un bon psychologue. Faire pondre de jolies lettres à un ordinateur est une chose, trouver les bons arguments en est une autre.

Par ailleurs, ce psychologue aurait peut-être su dissuader ses collègues de donner à leur article cette conclusion calamiteuse : « Nous n'avons pas pu identifier la raison de notre échec [...]. Ce qui signifie que nous sommes dans l'impossibilité d'établir clairement ce que notre expérience a prouvé, et ce qu'elle n'a pas prouvé ».

À la gauche de la gauche

LES GAUCHERS vivent moins vieux que les droitiers. C'est ce qu'on dit, mais on n'en sait rien. Il fallait que la science passe par là. Elle ne s'en est pas privée. En 1988, Stanley Coren, de l'université de Colombie-Britannique à Vancouver (Canada), et Diane Halpern, de la California State University, ouvraient le feu dans *Nature*, avec un article qui fit pas mal de bruit. Sous le titre de « Les droitiers vivent-ils plus longtemps ? », ils répondaient en substance : « Oui, en moyenne, 9 ans de plus que les gauchers. » La preuve, les habitants droitiers de Californie du Sud ont une espérance de vie moyenne de 75 ans, alors que les gauchers ne survivent que 66 ans. Ça donne envie de soigner sa droite.

Hélas, soulignait Coren, il semble que la latéralité soit déterminée dès l'utérus. C'est-à-dire que les hommes ne naîtraient pas tous libres et égaux en droite, en gauche et en distance au cercueil. C'est embêtant, et passablement injuste. Des bataillons de chercheurs montèrent *illico* au front pour contester ces résultats. Le plus étonnant est que plusieurs revinrent avec des conclusions similaires. Ainsi les chercheurs américains Daniel, Yeo et Gangstead purent-ils affirmer en 1992 dans le *Journal of Clinical and Experimental Neuropsychology* (vol. 14, p. 77) que « les gauchers sont plus souvent victimes de blessures de la tête que les droitiers ».

Deux ans plus tard, John Aggleton, de l'université de Durham, établissait dans le *British Medical Journal* (vol. 309, p. 1681-84) que les gauchers étaient, de façon générale, plus exposés à des morts accidentelles. L'astucieux et britannique Aggleton était allé chercher ses données dans le registre des joueurs de cricket, lequel possède le double avantage de remonter jusqu'en 1864, et de mentionner pour chaque joueur sa latéralité (détail important dans ce sport). La méthodologie de cette étude fut contestée par la suite, mais pas son résultat le plus spectaculaire : les gauchers ont bel et bien 86 % de « chances » de plus que les droitiers de mourir à la guerre. D'ailleurs, la marine américaine a établi de son côté que les gauchers sont davantage victimes d'accidents graves sur ses navires.

En 1996, Stanley Coren est revenu à la charge dans la revue *Laterality* (vol. 1, p. 139-52) avec un pointu « La latéralité comme élément prédictif d'un risque accru de blessures ou de fractures de l'épaule, du genou et du coude ». On pourrait allonger *ad libitum* cette liste de publications, l'essentiel est posé : le gaucher est mal barré dans la vie (quoique bon tennisman souvent, c'est une autre histoire).

Et pourquoi donc cette fatalité ? La science n'offre pas de réponse probante. La sagesse populaire, si : n'a-t-elle pas fait de gaucherie le synonyme de maladresse ?

Gauche, donc maladroit, donc plus exposé aux sinistres (de *sinister*, « gauche » en latin). Le fait est que, pour les gauchers, notre monde s'avère être un milieu sacrément hostile. Tout est conçu à l'envers, même les clubs de golf. Il leur faut chercher sans cesse des équipements spéciaux, adaptés à leur handicap congénital. C'est épuisant. Ils en meurent.

Un archipel sous tension

Après le baromètre, le tensiomètre est sans doute l'instrument le plus adéquat pour prendre le pouls de l'archipel britannique et de ses habitants. L'Anglais n'est pas toujours très expansif, il faut aller fouiller jusque dans ses artères pour débusquer une éventuelle émotion ou un léger stress. Un petit groupe de psychologues sévissant à l'université de Buckingham Chilterns, sous la direction du Dr George Fieldman, s'est fait une spécialité de ce genre de sport. L'équipe a d'abord fait cette découverte : travailler sous les ordres de supérieurs hiérarchiques jugés « injustes ou déraisonnables » est mauvais pour la tension artérielle des employés, donc pour leur cœur. Ceci a été établi en étudiant un groupe de 28 aides-soignantes exerçant sous l'autorité d'infirmières. Les aides-soignantes durent répondre à un long questionnaire sur leurs patronnes respectives. Questions du genre : « L'infirmière encourage-t-elle la discussion avant de prendre une décision ? » La réponse devait être un chiffre compris entre 1 (« c'est totalement faux ») et 5 (« c'est tout à fait vrai »). On mesura la tension des aides-soignantes toutes les 30 minutes pendant trois jours (durant les heures travaillées, bien évidemment). On constata que les infirmières mal notées faisaient grimper le tensiomètre. On en conclut : « Développer l'équité, la responsabilisation et la considération dans l'environnement de travail est une stratégie à bas coût susceptible de réduire les risques de troubles cardio-vasculaires chez les employés. »

Cette découverte fut publiée en 2003 dans la revue *Occupational and Environmental Medicine* (vol. 60, p. 468-74) sous le titre de « Effet sur la pression artérielle d'un travail effectué sous la direction d'un supérieur perçu favorablement ou défavorablement ». De ce côté-ci de la Manche, où les relations sociales ne sont pas toujours follement subtiles, il n'aurait pas été besoin de mobiliser un bataillon d'aides-soignantes pour parvenir à une telle conclusion.

Puis le groupe de chercheurs aborda des rivages très contemporains en allant scruter l'effet des e-mails sur la tension de ceux qui les reçoivent. Constatation : « Les destinataires d'e-mails écrits de manière menaçante ou provenant de supérieurs hiérarchiques connaissent une tension plus élevée que ceux qui reçoivent des e-mails non menaçants ou provenant de simples collègues. » Une fois encore, des expériences furent menées tensiomètre en main, dont on passe ici les détails. L'important est ceci : « Les plus fortes hausses de tension ont été constatées chez ceux qui lisaient un e-mail à la fois menaçant et envoyé par un supérieur hiérarchique. » Les psychologues purent cette fois en conclure : « Il est contre-productif pour le personnel d'encadrement d'adresser des e-mails agressifs dans la mesure où cela nourrit des sentiments négatifs dans l'équipe. » Sans compter que ce n'est pas bon pour le cœur. Ces résultats ont été communiqués oralement lors d'une conférence de la British Psychological Society qui s'est tenue début 2004 à l'hôtel Moathouse de Stratford-sur-Avon.

Le tunnel sous la Manche est ouvert depuis pas mal de temps, mais l'Angleterre reste un pays infiniment exotique.

Pourboire et à manger

Serveuses, serveurs, imitez vos clients, copiez-en les attitudes et le langage, et vous aurez de meilleurs pourboires. La recette est garantie par la science, en l'occurrence par le professeur Rick Van Baaren et son équipe. Ce chercheur en psychologie sociale, à l'université de Nimègue, en Hollande, a récemment publié un très inattendu « Singer pour de l'argent : conséquences comportementales de l'imitation » dans le *Journal of Experimental Social Psychology* (vol. 39, p. 393-98). Il y raconte son expédition dans un restaurant du sud de la Hollande. Une serveuse fut briefée. La moitié du temps, elle devait se contenter de noter la commande des clients sans rien dire d'autre que le rituel « C'est parti ! ». L'autre moitié, elle devait répéter mot pour mot la commande. Résultat : dans le second cas, les pourboires ont doublé, atteignant la somme non négligeable de 1,30 euro (en moyenne).

Rick Van Baaren n'est pas peu fier de nous raconter tout ça. D'abord parce qu'il est rare que des études comportementales donnent des résultats mesurables en euros et centimes. Ensuite parce que l'issue est suffisamment spectaculaire pour que le chercheur n'ait pas à se prendre le chou sur les marges d'erreur et tout le blabla qui va avec. Enfin, le jeune Rick (la petite trentaine apparemment) semble tenir un superbe os à ronger : l'étude de l'imitation dans le champ psychosocial n'offre-t-elle pas d'infinies perspectives de publication ?

Van Baaren en a déjà sous le coude, comme cet « Imitation et comportement prosocial », à paraître dans *Psychological Science*, et cet autre « La forêt, les arbres et le caméléon : dépendance au contexte et imitation », accepté par le *Journal of Personality and Social Psychology*. Pouvons-nous lui suggérer un « Le singe et son double : réflexivité dans l'imitation de l'imitation », que nous serions heureux d'inclure dans la prochaine édition de cet ouvrage, pour autant que le texte ne dépasse pas deux feuillets ?

Toutefois, concernant les pourboires, il eût été judicieux pour Rick Van Baaren de moduler ses conclusions en fonction de quelques facteurs culturels. Car ce qui marche dans le sud de la Hollande ne donne pas forcément d'excellents résultats dans le nord de la France, surtout les soirs de ducasse. Le client dunkerquois auquel la serveuse renverrait en qualité Xerox son « Deux bières ma jolie, et des frites moins dégueulasses que la dernière fois », pourrait avoir du mal à discerner une stratégie de maximisation des profits. Il faudrait lui expliquer. Comme on n'a pas toujours sous la main le dernier numéro du *Journal of Experimental Social Psychology*, la soirée finirait dans un souk noir au Bar des Marins. La serveuse devrait quitter l'établissement sous protection policière, tandis que le client mécontent — car peu ouvert aux subtilités de la psychologie sociale — finirait de trucider le patron à coups de tesson de bouteille.

Des études ont montré qu'un charmant sourire donnait d'excellents résultats en matière de pourboires, et cela marche à peu près dans toutes les cultures.

Cinématique de l'éléphant

Arrive fatalement le moment où le chercheur doit quitter son écran d'ordinateur et ses modèles mathématiques pour aller se confronter à la sèche réalité du terrain. C'est ainsi qu'en 2002, John Hutchinson, spécialiste de la biomécanique à l'université de Stanford (Californie), a dû organiser des courses d'éléphants en Thaïlande.

Ces courses ont vu s'affronter 42 sujets adultes, sur une distance de 30 mètres. Chaque éléphant était cornaqué et vivement encouragé par le public, afin que la bête ait toutes les chances d'atteindre sa vitesse maximale. Cinq à dix sprints quotidiens, séparés par de nécessaires périodes de repos, ont été organisés pendant plusieurs jours dans la réserve de Lampang. Cette compétition de dragsters catégorie ultra-lourds a été gagnée par Big, sujet mâle âgé de 20 ans qui affichait 3 tonnes sur la balance. Big a été chronométré à 24 kilomètres / heure, ce qui constitue un nouveau record mondial, du moins dans une course homologuée par la science (événement rare).

John Hutchinson se demandait : les éléphants en mouvement rapide sont-ils vraiment en train de courir ? (« Are fast-moving elephants running ? », publié par la revue *Nature*, vol. 422, p. 493-94). Les chercheurs en biomécanique se posent ce genre de question. Ils s'en posent d'autres, plus compliquées encore, comme : Qu'est-ce que courir ? Et puis ils se retrouvent en Thaïlande à faire cavaler des troupeaux d'éléphants.

La réponse est oui, les éléphants courent. Mais pas comme nous. L'éléphant, même lancé à 24 kilomètres / heure, a toujours une de ses pattes en contact avec le sol. Alors que l'homme vole lorsqu'il court, comme on le sait depuis les travaux photographiques d'Étienne-Jules Marey. Il eût été singulier que les éléphants volassent. Mais, indubitablement, ils savent courir.

Passé la vitesse de 16 kilomètres / heure, l'éléphant aborde la phase de locomotion rebondissante *(bouncing motion)*. Il se dandine, roulant de gauche à droite puis de droite à gauche, et déboule plein pot. C'est à ce moment qu'il devient dangereux de le contempler de face. C'est à ce moment également que commencent à être réunies les conditions nécessaires à la rédaction d'une communication scientifique. Une caméra filme la scène. Chaque éléphant a les articulations des pattes peintes en blanc (avec une peinture « inoffensive », précise l'article). Ainsi, on voit bien que les pattes de l'éléphant se compriment légèrement à chaque foulée, « comme des échasses à ressort », souligne le scientifique. Le pachyderme est souple. Il bondit, rebondit et finalement franchit la ligne d'arrivée avec autant de grâce qu'une pouliche galopant au prix de Diane.

On aurait déjà vu des éléphants courir à 40 kilomètres / heure, selon des témoignages datant du XIXe siècle. « Ce sont probablement des valeurs surestimées », affirme Hutchinson, qui a désormais toute autorité pour démentir ce genre de balivernes. Mais le fait qu'ils aient couru n'est plus contestable. L'article de *Nature* suppute des applications en robotique.

Le hoquet des brumes

Pourquoi avons-nous parfois le hoquet ? Parce que, voilà 370 millions d'années, les poissons s'enhardirent au point de poser une nageoire puis une patte sur la terre ferme et se mirent à respirer un bon coup. C'est en tout cas la réponse que donne dans la revue *BioEssays* (vol. 25, p. 182-88) une équipe dirigée par Christian Straus, de la Pitié-Salpêtrière à Paris.

De ces ancêtres si lointains, nous aurions gardé un réflexe qui, semble-t-il, ne sert à rien, sinon à faire rigoler les copains. C'est vrai qu'on a l'air bête quand on a le hoquet. On a l'air d'un poisson au sec. Le diaphragme se contracte, la glotte ferme le conduit respiratoire et nous émettons alors ce *hips* si caractéristique, drôle parce qu'involontaire, tragique parce qu'incontrôlable. Il égaye les conseils d'administration et donne une tonalité singulière aux enterrements.

Nous ne sommes pas seuls dans l'adversité : certains amphibiens, et d'autres animaux possédant à la fois des poumons et des branchies, présentent le même type de réflexe. Eux, on sait à quoi ça leur sert : cela leur permet d'envoyer de l'eau à travers leurs branchies sans pour autant noyer leurs poumons. Christian Straus fait donc l'hypothèse suivante : l'homme aurait conservé dans son câblage neuronal ce qui, chez nos ancêtres respirant l'eau et l'air, servait à déclencher la ventilation des branchies. Cela nous fait une belle jambe.

Pourquoi en 370 millions d'années ne serions-nous pas parvenus à nous débarrasser de ce truc inutile, vecteur d'aucun avantage évolutif évident ? Parce que mère nature est du genre bricoleuse, répondent cette fois nos chercheurs. Elle aurait retapé le circuit à s'irriguer les ouïes sans « fausses routes » pour en faire un système à ne pas rater sa première tétée, fort utile chez le nourrisson. Le câblage servirait à faire en sorte que notre première giclée de lait ne finisse pas droit dans nos poumons. « Le hoquet est peut-être le prix à payer pour garder ce générateur réflexe », note Christian Straus.

Que l'on se mette à fouiller si loin dans notre arbre généalogique pour trouver des clés de notre comportement, voilà qui ouvre des perspectives fascinantes. Contrairement à ce que beugle Johnny, il n'y pas toujours en nous quelque chose de Tennessee, mais peut-être y a-t-il quelque chose du protozoaire. Observons nos proches et collègues de travail : ne détectons-nous pas chez eux des attitudes qui évoquent des formes de vie primitives ? Les bruits singuliers qu'ils émettent, cette façon prédinosaurienne de manger, leurs bureaux rangés à la manière de paysages de l'ère paléozoïque. Et puis parfois cette impression que l'on a, face à eux, d'être devant une soupe primitive où l'acide aminé se fait encore rare, où la pensée va demander pour éclore quelques centaines de millions d'années supplémentaires.

AU FOND DU LABO

Pour comprendre l'être humain, il est sans doute utile de remonter bien au-delà du singe. Les cas les plus sévères peuvent renvoyer jusqu'au précambrien. Les fréquenter nous donne le vertige.

Table

RÉALISATION : PAO ÉDITIONS DU SEUIL
IMPRESSION : NORMANDIE ROTO S.A.S, À LONRAI
DÉPÔT LÉGAL : MAI 2014. N° 118021 (1401572)
Imprimé en France

Collection Points Sciences

dirigée par Jean-Marc Lévy-Leblond et Christophe Bonneuil

S1. La Recherche en biologie moléculaire, *ouvrage collectif*
S2. Des astres, de la vie et des hommes
par Robert Jastrow (épuisé)
S3. (Auto)critique de la science
par Alain Jaubert et Jean-Marc Lévy-Leblond
S4. Le Dossier électronucléaire
par le syndicat CFDT de l'Énergie atomique
S5. Une révolution dans les sciences de la Terre
par Anthony Hallam
S6. Jeux avec l'infini, *par Rózsa Péter*
S7. La Recherche en astrophysique, *ouvrage collectif*
S8. La Recherche en neurobiologie *(épuisé)*
(voir nouvelle édition, S 57)
S9. La Science chinoise et l'Occident, *par Joseph Needham*
S10. Les Origines de la vie, *par Joël de Rosnay*
S11. Échec et maths, *par Stella Baruk*
S12. L'Oreille et le Langage, *par Alfred Tomatis*
S13. Les Énergies du Soleil, *par Pierre Audibert*
en collaboration avec Danielle Rouard
S14. Cosmic Connection ou l'Appel des étoiles, *par Carl Sagan*
S15. Les Ingénieurs de la Renaissance, *par Bertrand Gille*
S16. La Vie de la cellule à l'homme, *par Max de Ceccatty*

S17. La Recherche en éthologie, *ouvrage collectif*
S18. Le Darwinisme aujourd'hui, *ouvrage collectif*
S19. Einstein, créateur et rebelle, *par Banesh Hoffmann*
S20. Les Trois Premières Minutes de l'Univers
par Steven Weinberg
S21. Les Nombres et leurs mystères, *par André Warusfel*
S22. La Recherche sur les énergies nouvelles, *ouvrage collectif*
S23. La Nature de la physique, *par Richard Feynman*
S24. La Matière aujourd'hui, *par Émile Noël* et al.
S25. La Recherche sur les grandes maladies, *ouvrage collectif*
S26. L'Étrange Histoire des quanta
par Banesh Hoffmann et Michel Paty
S27. Éloge de la différence, *par Albert Jacquard*
S28. La Lumière, *par Bernard Maitte*
S29. Penser les mathématiques, *ouvrage collectif*
S30. La Recherche sur le cancer, *ouvrage collectif*
S31. L'Énergie verte, *par Laurent Piermont*
S32. Naissance de l'homme, *par Robert Clarke*
S33. Recherche et technologie, *Actes du Colloque national*
S34. La Recherche en physique nucléaire, *ouvrage collectif*
S35. Marie Curie, *par Robert Reid*
S36. L'Espace et le Temps aujourd'hui, *ouvrage collectif*
S37. La Recherche en histoire des sciences, *ouvrage collectif*
S38. Petite Logique des forces, *par Paul Sandori*
S39. L'Esprit de sel, *par Jean-Marc Lévy-Leblond*
S40. Le Dossier de l'Énergie
par le Groupe confédéral Énergie (CFDT)
S41. Comprendre notre cerveau, *par Jacques-Michel Robert*
S42. La Radioactivité artificielle
par Monique Bordry et Pierre Radvanyi
S43. Darwin et les grandes énigmes de la vie
par Stephen Jay Gould
S44. Au péril de la science ?, *par Albert Jacquard*
S45. La Recherche sur la génétique et l'hérédité
ouvrage collectif
S46. Le Monde quantique, *ouvrage collectif*
S47. Une histoire de la physique et de la chimie
par Jean Rosmorduc
S48. Le Fil du temps, *par André Leroi-Gourhan*

S49. Une histoire des mathématiques
par Amy Dahan-Dalmedico et Jeanne Peiffer
S50. Les Structures du hasard, *par Jean-Louis Boursin*
S51. Entre le cristal et la fumée, *par Henri Atlan*
S52. La Recherche en intelligence artificielle, *ouvrage collectif*
S53. Le Calcul, l'Imprévu, *par Ivar Ekeland*
S54. Le Sexe et l'Innovation, *par André Langaney*
S55. Patience dans l'azur, *par Hubert Reeves*
S56. Contre la méthode, *par Paul Feyerabend*
S57. La Recherche en neurobiologie, *ouvrage collectif*
S58. La Recherche en paléontologie, *ouvrage collectif*
S59. La Symétrie aujourd'hui, *ouvrage collectif*
S60. Le Paranormal, *par Henri Broch*
S61. Petit Guide du ciel, *par André Jouin et Bernard Pellequer*
S62. Une histoire de l'astronomie, *par Jean-Pierre Verdet*
S63. L'Homme re-naturé, *par Jean-Marie Pelt*
S64. Science avec conscience, *par Edgar Morin*
S65. Une histoire de l'informatique, *par Philippe Breton*
S66. Une histoire de la géologie, *par Gabriel Gohau*
S67. Une histoire des techniques, *par Bruno Jacomy*
S68. L'Héritage de la liberté, *par Albert Jacquard*
S69. Le Hasard aujourd'hui, *ouvrage collectif*
S70. L'Évolution humaine, *par Roger Lewin*
S71. Quand les poules auront des dents
par Stephen Jay Gould
S72. La Recherche sur les origines de l'univers
par La Recherche
S73. L'Aventure du vivant, *par Joël de Rosnay*
S74. Invitation à la philosophie des sciences
par Bruno Jarrosson
S75. La Mémoire de la Terre, *ouvrage collectif*
S76. Quoi ! C'est ça, le Big-Bang ?, *par Sidney Harris*
S77. Des technologies pour demain, *ouvrage collectif*
S78. Physique quantique et représentation du monde
par *Erwin Schrödinger*
S79. La Machine univers, *par Pierre Lévy*
S80. Chaos et déterminisme, *textes présentés et réunis par Amy Dahan-Dalmedico, Jean-Luc Chabert et Karine Chemla*

S81. Une histoire de la raison, *par François Châtelet (entretiens avec Émile Noël)*
S82. Galilée, *par Ludovico Geymonat*
S83. L'Âge du capitaine, *par Stella Baruk*
S84. L'Heure de s'enivrer, *par Hubert Reeves*
S85. Les Trous noirs, *par Jean-Pierre Luminet*
S86. Lumière et matière, *par Richard Feynman*
S87. Le Sourire du flamant rose, *par Stephen Jay Gould*
S88. L'Homme et le Climat, *par Jacques Labeyrie*
S89. Invitation à la science de l'écologie, *par Paul Colinvaux*
S90. Les Technologies de l'intelligence, *par Pierre Lévy*
S91. Le Hasard au quotidien, *par José Rose*
S92. Une histoire de la science grecque, *par Geoffrey E.R. Lloyd*
S93. La Science sauvage, *ouvrage collectif*
S94. Qu'est-ce que la vie ?, *par Erwin Schrödinger*
S95. Les Origines de la physique moderne, *par I. Bernard Cohen*
S96. Une histoire de l'écologie, *par Jean-Paul Deléage*
S97. L'Univers ambidextre, *par Martin Gardner*
S98. La Souris truquée, *par William Broad et Nicholas Wade*
S99. À tort et à raison, *par Henri Atlan*
S100. Poussières d'étoiles, *par Hubert Reeves*
S101. Fabrice ou l'École des mathématiques, *par Stella Baruk*
S102. Les Sciences de la forme aujourd'hui, *ouvrage collectif*
S103. L'Empire des techniques, *ouvrage collectif*
S104. Invitation aux mathématiques, *par Michael Guillen*
S105. Les Sciences de l'imprécis, *par Abraham A. Moles*
S106. Voyage chez les babouins, *par Shirley C. Strum*
S107. Invitation à la physique, *par Yoav Ben-Dov*
S108. Le Nombre d'or, *par Marguerite Neveux*
S109. L'Intelligence de l'animal, *par Jacques Vauclair*
S110. Les Grandes Expériences scientifiques, *par Michel Rival*
S111. Invitation aux sciences cognitives, *par Francisco J. Varela*
S112. Les Planètes, *par Daniel Benest*
S113. Les Étoiles, *par Dominique Proust*
S114. Petites Leçons de sociologie des sciences, *par Bruno Latour*
S115. Adieu la raison, *par Paul Feyerabend*
S116. Les Sciences de la prévision, *collectif*
S117. Les Comètes et les Astéroïdes *par Anny-Chantal Levasseur-Legourd*

S118. Invitation à la théorie de l'information
par Emmanuel Dion
S119. Les Galaxies, *par Dominique Proust*
S120. Petit Guide de la préhistoire, *par Jacques Pernaud-Orliac*
S121. La Foire aux dinosaures, *par Stephen Jay Gould*
S122. Le Théorème de Gödel, *par Ernest Nagel / James R. Newman Kurt Gödel / Jean-Yves Girard*
S123. Le Noir de la nuit, *par Edward Harrison*
S124. Microcosmos, *par Claude Nuridsany et Marie Pérennou*
S125. La Baignoire d'Archimède
par Sven Ortoli et Nicolas Witkowski
S126. Longitude, *par Dava Sobel*
S127. Petit Guide de la Terre, *par Nelly Cabanes*
S128. La vie est belle, *par Stephen Jay Gould*
S129. Histoire mondiale des sciences, *par Colin Ronan*
S130. Dernières Nouvelles du cosmos.
Vers la première seconde, *par Hubert Reeves*
S131. La Machine de Turing, *par Alan Turing et Jean-Yves Girard*
S132. Comment fabriquer un dinosaure
par Rob DeSalle et David Lindley
S133. La Mort des dinosaures, *par Charles Frankel*
S134. L'Univers des particules, *par Michel Crozon*
S135. La Première Seconde, *par Hubert Reeves (épuisé)*
S136. Au hasard, *par Ivar Ekeland*
S137. Comme les huit doigts de la main
par Stephen Jay Gould
S138. Des grenouilles et des hommes, *par Jacques Testart*
S139. Dialogue sur les deux grands systèmes du monde
par Galilée
S140. L'Œil qui pense, *par Roger N. Shepard*
S141. La Quatrième Dimension, *par Rudy Rucker*
S142. Tout ce que vous devriez savoir sur la science
par Harry Collins et Trevor Pinch
S143. L'Éventail du vivant, *par Stephen Jay Gould*
S144. Une histoire de la science arabe, *par Ahmed Djebbar*
S145. Niels Bohr et la Physique quantique
par François Lurçat
S146. L'Éthologie, *par Jean-Luc Renck et Véronique Servais*

S147. La Biosphère, *par Wladimir Vernadsky*
S148. L'Univers bactériel, *par Lynn Margulis et Dorion Sagan*
S149. Robert Oppenheimer, *par Michel Rival*
S150. Albert Einstein
textes choisis et commentés par Françoise Balibar
S151. La Sculpture du vivant, *par Jean Claude Ameisen*
S152. Impasciences, *par Jean-Marc Lévy-Leblond*
S153. Ni Dieu ni gène, *par Jean-Jacques Kupiec et Pierre Sonigo*
S154. Oiseaux, merveilleux oiseaux, *par Hubert Reeves*
S155. Savants et Ignorants, *par Jean Jacques et Daniel Raichvarg*
S156. Le Destin du mammouth, *par Claudine Cohen*
S157. Des atomes dans mon café crème, *par Pablo Jensen*
S158. L'Invention du Big-Bang, *par Jean-Pierre Luminet*
S159. Aux origines de la science moderne en Europe
par Paolo Rossi
S160. Mathématiques, plaisir et nécessité, *par André Warusfeld et Albert Ducrocq*
S161. Éloge de la plante, *par Francis Hallé*
S162. Une histoire sentimentale des sciences
par Nicolas Witkowski
S163. L'Avenir climatique, *par Jean-Marc Jancovici*
S164. Mal de Terre, *par Hubert Reeves et Frédéric Lenoir*
S165. L'Imposture scientifique en dix leçons
par Michel de Pracontal
S166. Les Origines de l'homme, *par Pascal Picq*
S167. Astéroïde, *par Jean-Pierre Luminet*
S168. Ne dites pas à Dieu ce qu'il doit faire
par François de Closets
S169. Le Chant d'amour des concombres de mer
par Bertrand Jordan
S170. Au fond du labo à gauche, *par Édouard Launet*
S171. La Vie rêvée des maths, *par David Berlinski*
S172. Manuel universel d'éducation sexuelle à l'usage de toutes les espèces, selon le Dr tatiana, *par Olivia Judson*
S173. L'espace prend la forme de mon regard, *par Hubert Reeves*
S174. Le Plein, s'il vous plaît
par Jean-Marc Jancovici et Alain Grandjean
S175. Trop belles pour le Nobel, *par Nicolas Witkowski*
S176. La Symphonie des nombres premiers, *par Marcus du Sautoy*

S177. La Guerre secrète des OGM, *par Hervé Kempf*
S178. Viande froide cornichons, *par Édouard Launet*
S179. Malicorne, *par Hubert Reeves*
S180. Un éléphant dans un jeu de quilles
par Robert Barbault, Fondation Nicolas Hulot
S181. Le Guide du chasseur de nuages, *par Gavin Pretor-Pinney*
S182. Mais qui mange les guêpes ?, *par New Scientist*
S183. Antilopes, dodos et coquillages, *par Stephen Jay Gould*
S184. Une histoire naturelle de la séduction, *par Claude Gudin*
S185. La Conjecture de Poincaré, *par George W. Szpiro*
S186. Le Messager des étoiles, *par Galilée*
S187. Pourquoi les manchots n'ont pas froid aux pieds ?
par New Scientist
S188. De l'infini…, *par Jean-Pierre Luminet*
et Marc Lachièze-Rey
S189. Sexe machin, *par Édouard Launet*
S190. Rien ne va plus en physique !, *par Lee Smolin*
S191. Chroniques du ciel et de la vie, *par Hubert Reeves*
S192. Comment fossiliser son hamster ?
Mike O'Hare / New Scientist
S193. C'est maintenant !
par Jean-Marc Jancovici et Alain Grandjean
S194. Terre de France, *par Charles Frankel*
S195. La Malédiction du cloporte
par Christine Coustau et Olivier Hertel
S196. Cro-Magnon toi-même !, *par Michel Raymond*
S197. Dans la lumière et les ombres, *par Jean Claude Ameisen*
S198. Les ours blancs ont-ils le blues ?, *par New Scientist*
S199. L'Esprit et la Matière, *par Erwin Schrödinger*
S200. Chroniques des atomes et des galaxies, *par Hubert Reeves*
S201. L'Autobiographie, *par Charles Darwin*
S202. Le Renard et le Hérisson, *par Stephen Jay Gould*
S203. L'Effet Darwin, *par Patrick Tort*
S204. Les Démons de Gödel, *par Pierre Cassou-Noguès*
S205. Je n'aurai pas le temps, *par Hubert Reeves*
S206. Le ver qui prenait l'escargot comme taxi, *par Jean Deutsch*
S207. Au fond du zoo à droite, *par Édouard Launet*
S208. Pourquoi les éléphants ne peuvent pas sauter ?
par New Scientist

S209. Codes, *par Pierre Berloquin*
S210. Et Dieu dit : « Que Darwin soit ! », *par Stephen Jay Gould*
S211. Terre de vignes, *par Charles Frankel*
S212. La Symétrie, *par Marcus du Sautoy*
S213. Petite géométrie des parfums, *par Brigitte Proust*
S214. Un monde sans hiver, *par Francis Hallé*
S215. Histoire populaire des sciences, *par Clifford D. Conner*
S216. Cybernétique et société, *par Norbert Wiener*

Collection Points Essais

DERNIERS TITRES PARUS

680. La Construction de soi
par Alexandre Jollien
681. Tableaux de famille, *par Bernard Lahire*
682. Tibet, une autre modernité
par Jean-Pierre Barou et Sylvie Crossman
683. D'après Foucault
par Philippe Artières et Mathieu Potte-Bonneville
684. Vivre seuls ensemble. La signature humaine 2
par Tzvetan Todorov
685. L'Homme Moïse et la Religion monothéiste
par Sigmund Freud
686. Trois Essais sur la théorie de la sexualité
par Sigmund Freud
687. Pourquoi le christianisme fait scandale
par Jean-Pierre Denis
688. Dictionnaire des mots français d'origine arabe
par Salah Guemriche
689. Oublier le temps, *par Peter Brook*
690. Art et figures de la réussite, *par Baltasar Gracián*
691. Des genres et des œuvres, *par Gérard Genette*
692. Figures de l'immanence, *par François Jullien*
693. Risquer la liberté, *par Fabrice Midal*
694. Le Pouvoir des commencements
par Myrian Revault d'Allonnes
695. Le Monde moderne et la Condition juive, *par Edgar Morin*
696. Purifier et détruire, *par Jacques Semelin*
697. De l'éducation, *par Jean Jaurès*
698. Musicophilia, *par Oliver Sacks*
699. Cinq Conférences sur la psychanalyse, *par Sigmund Freud*
700. L'oligarchie ça suffit, vive la démocratie, *par Hervé Kempf*
701. Le Silence des bêtes, *par Elisabeth de Fontenay*
702. Injustices, *par François Dubet*
703. Le Déni des cultures, *par Hugues Lagrange*
704. Le Rabbin et le Cardinal
par Gilles Bernheim et Philippe Barbarin

705. Le Métier d'homme, *par Alexandre Jollien*
706. Le Conflit des interprétations, *par Paul Ricœur*
707. La Société des égaux, *par Pierre Rosanvallon*
708. Après la crise, *par Alain Touraine*
709. Zeugma, *par Marc-Alain Ouaknin*
710. L'Orientalisme, *par Edward W. Said*
711. Un sage est sans idée, *par François Jullien*
712. Fragments de vie, *par Germaine Tillion*
713. Le Délire et les Rêves dans la Gradiva de W. Jensen *par Sigmund Freud*
714. La Montée des incertitudes, *par Robert Castel*
715. L'Art d'être heureux, *par Arthur Schopenhauer*
716. Une histoire de l'anthropologie *par Robert Deliège*
717. L'Interprétation du rêve, *par Sigmund Freud*
718. D'un retournement l'autre, *par Frédéric Lordon*
719. Lost in management, *par François Dupuy*
720. 33 Newport Street, *par Richard Hoggart*
721. La Traversée des catastrophes, *par Pierre Zaoui*
722. Petit dictionnaire de droit constitutionnel *par Guy Carcassonne*
723. La Tranquillité de l'âme, *par Sénèque*
724. Comprendre le débat européen, *par Michel Dévoluy*
725. Un monde de fous, *par Patrick Coupechoux*
726. Comment réussir à échouer, *par Paul Watzlawick*
727. L'Œil de l'esprit, *par Oliver Sacks*
728. Des yeux pour guérir, *par Francine Shapiro et Margot Silk Forrest*
729. Simone Weil, le courage de l'impossible *par Christiane Rancé*
730. Le Philosophe nu, *par Alexandre Jollien*
731. Le Paradis à la porte, *par Fabrice Hadjadj*
732. Emmanuel Mounier, *par Jean-Marie Domenach*
733. L'Expérience concentrationnaire, *par Michael Pollak*
734. Agir dans un monde incertain, *par Michel Callon, Pierre Lascoumes, Yannick Barthe*
726. L'Art ou la Vie !, *par Tzvetan Todorov*
735. Le Travail créateur, *par Pierre-Michel Menger*
736. Comment survivre à sa propre famille, *par Mony Elkaïm*
737. Repenser la pauvreté, *par Abhijit V. Banerjee, Esther Duflo*